図解 組込みマイコンの基礎

C言語でH8マイコンを使いこなす

中島敏彦 著

森北出版株式会社

● 本書の補足情報・正誤表を公開する場合があります．当社 Web サイト（下記）で本書を検索し，書籍ページをご確認ください．
https://www.morikita.co.jp/

● 本書の内容に関するご質問は下記のメールアドレスまでお願いします．なお，電話でのご質問には応じかねますので，あらかじめご了承ください．
editor@morikita.co.jp

● 本書により得られた情報の使用から生じるいかなる損害についても，当社および本書の著者は責任を負わないものとします．

[JCOPY]〈(一社) 出版者著作権管理機構 委託出版物〉
本書の無断複製は，著作権法上での例外を除き禁じられています．複製される場合は，そのつど事前に上記機構（電話 03-5244-5088，FAX 03-5244-5089，e-mail: info@jcopy.or.jp）の許諾を得てください．

はじめに

　日常生活でマイコンを直接目にすることはほとんどありませんが，私たちの身近にある家電製品，車や電車などの交通機関，産業を支える各種の機器など，世の中には内蔵したマイコンで制御された製品やシステムがあふれています．このような内蔵したマイコンで制御されたシステムを「組込みシステム」と呼んでいます．

　「組込みシステム」は，電子回路やモータなどのハードウェアと，マイコンを制御するためのソフトウェアで構成されています．第1章で説明するように，単に「マイコン」というとパソコンなどのようにデータ処理用のものも含んだ広い概念になりますが，「組込みシステム」を制御するために内蔵されているマイコンは「組込みマイコン（embeded micro computer）」と呼ばれます．

　私たちの身の回りにある家電製品，テレビ，エアコン，冷蔵庫，携帯電話，ゲーム機などなどはすべてといってよいほど組込みマイコンで制御されています．また，自動車では，エンジン制御や走行制御だけでなく，エアコン，エアバッグ，カーナビ，オーディオなどで数十個のマイコンが使われていますし，新幹線も個別の車両にはモータの出力制御，ATC（自動運行制御システム）による走行制御などにマイコンが使われています．大げさにいえばマイコンが世の中を制御しているといってもよい状態です．

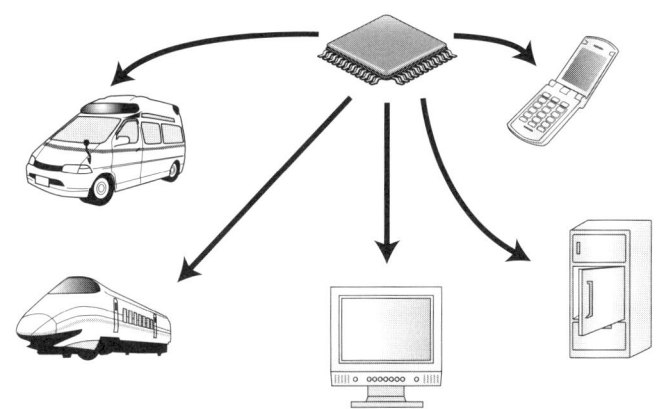

図 0.1　世の中を動かすマイコン

　本書の目的は，このように広く使われている「組込みマイコン」を，アセンブリ言語を使わずに C 言語だけで使いこなす手法を学んでいただくことです．単にプログラムを書くだけでなく，ハードウェアの動作も解説して，動作の仕組みも理解していただけるように書いたつもりです．

　本書では，工学系の学生，組込みシステムにかかわる企業の技術者，一般の愛好家

の方々を対象に，C言語の基礎的な文法と電子回路および論理演算の基礎は理解されているものとしてマイコンの使い方の解説をします．

第1章では，マイコンとはどのようなものかを解説し，組込みマイコンに使われるのはシングルチップマイコンといういくつかの機能を一つのシリコンチップに組み込んだものであることを説明します．また，マイコンとプログラミング言語の関係についても解説をします．

第2章では，C言語でマイコン用のプログラムを作るための特有の記述方法を解説します．また，C言語で使われる変数はメモリ上ではどのように扱われているかを解説します．

第3章では，マイコン用のプログラムを開発するツールと，実際にプログラムを実行して検証するためのハードウェアについて解説します．ツールのさらに詳しい使い方は，付録で説明します．

第4～6章では，本書の中心テーマである，シングルチップマイコンに内蔵された諸機能の動作と使い方を説明します．第4章では外部回路とデータをやりとりする窓口であるI/Oポートを取り上げます．第5章では一定時間間隔を生成したり，入力されたパルス列の周期を測定したりするハードウェアタイマを取り上げます．第6章ではA/D変換器と直列通信ポートを取り上げます．

第7章では，マイコンの重要な機能である割込について，割込処理の流れ，C言語で割込処理を記述して実行させる方法，ベクタテーブルの考え方と作成方法について解説をします．

第8章では，出来上がったプログラムをシステムに組み込む方法を解説します．マイコンシステムが起動する手順，作ったプログラムを起動させるためにしなければならない作業，システムを設計するときに注意しなければならない点について解説をします．

組込みマイコンを使いこなすためには，本来はマイコンのメーカーが発行するハードウェアマニュアルを入手して読みこなし，機種ごとに異なる各種の内蔵機能の動作や設定方法を理解する必要があります．本書では，代表的な機能について使い方の例を示し，ハードウェアマニュアルがなくてもマイコンが使えるように説明していますが，マニュアルの関連するページを参照しながら読んでいただくと，より深く正確に理解していただけると思います．

本書を通じてマイコンの使い方とマイコンを使う楽しさを知っていただければ幸いです．

2007年4月

著　者

もくじ

第1章　マイコンとは　……………………………………………………………… 1
- 1.1　シングルチップマイコン　▶ 1
- 1.2　電子計算機とマイコン　▶ 5
  - 1.2.1　電子計算機を構成する五つの要素　▶▶ 5
  - 1.2.2　マイコンとCPU　▶▶ 6
- 1.3　コンピュータ内での数値の表し方　▶ 9
  - 1.3.1　ビット，バイト，ワード　▶▶ 9
  - 1.3.2　2進数と16進数　▶▶ 9
- 1.4　マイコンとプログラミング言語　▶ 11
  - 1.4.1　マイコンは2進数の機械語で動く　▶▶ 11
  - 1.4.2　マイコンのアーキテクチャを表すアセンブリ言語　▶▶ 12
  - 1.4.3　どのマイコンでも同じ環境を提供するC言語　▶▶ 13
- 1.5　RISCマイコン　▶ 15
  - 1.5.1　RISCマイコンとCISCマイコン　▶▶ 15
  - 1.5.2　マイコンの実行サイクルとパイプライン　▶▶ 16

第2章　C言語とマイコン　……………………………………………………… 19
- 2.1　ANSI-Cという規格　▶ 19
- 2.2　マイコン特有の記述　▶ 21
  - 2.2.1　マイコン内のレジスタ群を記述するヘッダファイル　▶▶ 21
  - 2.2.2　C言語ではできない作業　▶▶ 22
  - 2.2.3　割込処理　▶▶ 23
- 2.3　関　数　▶ 26
  - 2.3.1　スタックの役割　▶▶ 26
  - 2.3.2　関数呼び出しの手順　▶▶ 28
  - 2.3.3　ANSI規格の組込み関数　▶▶ 31
- 2.4　変　数　▶ 31
  - 2.4.1　変数の型と取り扱える数値　▶▶ 31
  - 2.4.2　変数宣言－クラスと通用範囲　▶▶ 33
  - 2.4.3　初期値付き変数　▶▶ 36
- 2.5　ポインタ変数　▶ 37
  - 2.5.1　マイコンの内蔵機能を制御するレジスタ群　▶▶ 37
  - 2.5.2　特定のアドレスが指定できるポインタ変数　▶▶ 38

2.6 メモリ上の変数のイメージ ▶ 40
 2.6.1 変数宣言とスタックの使われ方 ▶▶ 40
 2.6.2 特殊な変数とスタック ▶▶ 40
 2.6.3 ヘッダファイルはポインタ変数，構造体，共用体のかたまり ▶▶ 43

第3章 プログラム開発環境と演習機材 …………………………………… 45

3.1 コンパイラとリンカ ▶ 45
 3.1.1 マイコン用プログラムの開発手順 ▶▶ 46
 3.1.2 コンパイラの役割 ▶▶ 47
 3.1.3 リンカの役割 ▶▶ 50

3.2 エミュレータ ▶ 51
 3.2.1 デバッグの方法 ▶▶ 52
 3.2.2 エミュレータのはたらき ▶▶ 52
 3.2.3 ルネサステクノロジ製 E8 エミュレータ ▶▶ 53

3.3 マイコンボード ▶ 54
 3.3.1 北斗電子 HSB シリーズ ▶▶ 55
 3.3.2 演習用 CPU；H8/3664F ▶▶ 55
 3.3.3 I/O 演習ボード ▶▶ 56

3.4 統合開発環境 ▶ 59
 3.4.1 ルネサステクノロジ製統合開発環境；HEW ▶▶ 59
 3.4.2 主な機能 ▶▶ 60
 3.4.3 E8 エミュレータとの連携 ▶▶ 60

第4章 I/O ポート ……………………………………………………………… 62

4.1 各種の内蔵機能 ▶ 62
 4.1.1 ハードウェアマニュアル ▶▶ 63
 4.1.2 内蔵機能と制御用レジスタ群 ▶▶ 66
 4.1.3 C 言語で制御用レジスタに書き込む方法 ▶▶ 67
 4.1.4 インテル系マイコンでの I/O ポートアクセス ▶▶ 72

4.2 I/O ポート（パラレルインターフェイス） ▶ 74
 4.2.1 H8/3664F の I/O ポート ▶▶ 74
 4.2.2 I/O ポートの仕組み ▶▶ 75
 4.2.3 他の機能の端子との切り替え ▶▶ 80

第5章 ハードウェアタイマ …………………………………………………… 84

5.1 ハードウェアタイマの基本機能 ▶ 84
 5.1.1 ハードウェアタイマの構成 ▶▶ 84
 5.1.2 一定時間間隔を作るアウトプットコンペアマッチ機能 ▶▶ 87
 5.1.3 内蔵機能制御用レジスタを設定する方法 ▶▶ 91

- 5.2 PWM 信号発生機能　▶ 98
  - 5.2.1　PWM 信号とは　▶▶ 98
  - 5.2.2　PWM 信号の作り方　▶▶ 99
- 5.3 時間間隔を測定するインプットキャプチャ機能　▶ 102
  - 5.3.1　インプットキャプチャとは　▶▶ 102
  - 5.3.2　インプットキャプチャ機能の設定例　▶▶ 105
- 5.4 プログラムの暴走を検出するウォッチドッグタイマ　▶ 106

第 6 章　その他の内蔵機能　……………………………………………… 107

- 6.1 マイコンにアナログ信号を入力する A/D 変換器　▶ 107
  - 6.1.1　A/D 変換器　▶▶ 107
  - 6.1.2　A/D 変換器の初期設定　▶▶ 108
  - 6.1.3　A/D 変換結果の読み取り　▶▶ 109
- 6.2 直列通信ポート　▶ 111
  - 6.2.1　直列通信とは　▶▶ 111
  - 6.2.2　直列通信ポートの設定と通信の手順　▶▶ 114

第 7 章　割込処理　………………………………………………………… 117

- 7.1 割込処理とは　▶ 117
  - 7.1.1　割込と例外　▶▶ 118
  - 7.1.2　割込要因　▶▶ 118
  - 7.1.3　割込処理の手順　▶▶ 120
  - 7.1.4　割込要求が受け付けられる条件　▶▶ 121
  - 7.1.5　ベクタテーブル　▶▶ 122
  - 7.1.6　ベクタテーブルの作り方　▶▶ 123
  - 7.1.7　割込処理と関数呼び出しのちがい　▶▶ 125
- 7.2 C 言語による割込処理の記述　▶ 126
  - 7.2.1　割込マスクの設定方法　▶▶ 126
  - 7.2.2　割込処理関数　▶▶ 127
  - 7.2.3　その他の設定　▶▶ 129
  - 7.2.4　C 言語による割込処理プログラム作成の手順　▶▶ 129

第 8 章　システム組込みの手順　………………………………………… 136

- 8.1 マイコンシステムが起動する手順　▶ 136
  - 8.1.1　リセット信号でシステムが起動する　▶▶ 136
  - 8.1.2　ハードウェアの初期化　▶▶ 137
  - 8.1.3　リセットベクタ　▶▶ 137
- 8.2 プログラムに必要なメモリ量の見積もり　▶ 138
  - 8.2.1　マイコンに内蔵された ROM と RAM　▶▶ 138

vi　もくじ

　　　8.2.2　プログラムサイズの見積もり　▶▶ 139
　　　8.2.3　スタックの見積もり　▶▶ 140
　　　8.2.4　HEW のスタック使用量見積もり機能　▶▶ 144
　8.3　スタート用のデータ作成　▶ 145
　　　8.3.1　スタックポインタの設定　▶▶ 145
　　　8.3.2　エミュレータでの実行と実プログラムの違い　▶▶ 147
　　　8.3.3　ROM への書き込み　▶▶ 148

付録 1　ソフト開発ツール …………………………………………… 149
　付 1.1　ルネサステクノロジ製統合開発環境 HEW　▶ 149
　　　付 1.1.1　HEW のプロジェクト設定　▶▶ 149
　　　付 1.1.2　オプションの設定　▶▶ 156
　　　付 1.1.3　ビルド　▶▶ 158
　　　付 1.1.4　スタック見積もりツール；call walker　▶▶ 160
　付 1.2　エミュレータ　▶ 160
　　　付 1.2.1　エミュレータの接続　▶▶ 161
　　　付 1.2.2　ユーザプログラムのロードと実行　▶▶ 163
　　　付 1.2.3　デバッグ　▶▶ 165
　付 1.3　ソフト開発ツールの入手方法　▶ 168
　　　付 1.3.1　C コンパイラ無償評価版と HEW　▶▶ 168
　　　付 1.3.2　E8 エミュレータ用ドライバとプログラム　▶▶ 168
　付 1.4　マニュアル類の入手方法　▶ 168

付録 2　ハードウェア ………………………………………………… 169
　付 2.1　各種ハードウェアの販売元　▶ 169
　　　付 2.1.1　（株）北斗電子（マイコンボード）　▶▶ 169
　　　付 2.1.2　サンハヤト（株）　▶▶ 170
　　　付 2.1.3　（株）秋月電子通商（マイコンボード，一般電子部品）　▶▶ 170
　　　付 2.1.4　千石電商（マイコンボード，一般電子部品）　▶▶ 171
　　　付 2.1.5　E8 エミュレータ　▶▶ 171

付録 3　LCD 表示用プログラム ……………………………………… 172
付録 4　I/O 総合演習 ………………………………………………… 176

　　参考文献　▶▶ 183
　　索　　引　▶▶ 184

第1章 マイコンとは

本書は，C言語でマイコンを使いこなす手法を学ぶのが目的ですが，その前に本章ではマイコンの内部と，アーキテクチャとよばれるマイコンが動作する仕組みについて簡単に触れておきましょう．そして，マイコンとプログラミング言語との関係もみておきます．

1.1　シングルチップマイコン

世界で最初のマイコンは1971年に電卓用に開発された4ビットのもので，アメリカのインテル社製ですが，嶋正利さんという日本人が中心になって開発されました．

しかし，一般的には，汎用の8ビットマイコンがインテル社から発表された1974年が，マイコンの歴史の始まりといってよいでしょう．その後は図1.1のようにイン

	8ビット	16ビット	32ビット
インテル	8080	8086	80386 → ペンティアム（Windows PC）
モトローラ	6800	68000	68020 → Power PC（Mac. PC） ↘ 各種組み込みマイコン
年代	1974年	1978〜79年	1984〜85年

図1.1　インテルとモトローラの競争

テル社とモトローラ社がほとんど同じペースで開発を進め，競争しながらマイコンを発展させてきました．

両社のマイコンは機能としてはよく似たものですが，アーキテクチャやアセンブリ言語での表現の仕方などでいくつか微妙な違いがあります．

このように発展してきたマイコンは，図1.2に示すように，現在は大きく二種類に分類されます．

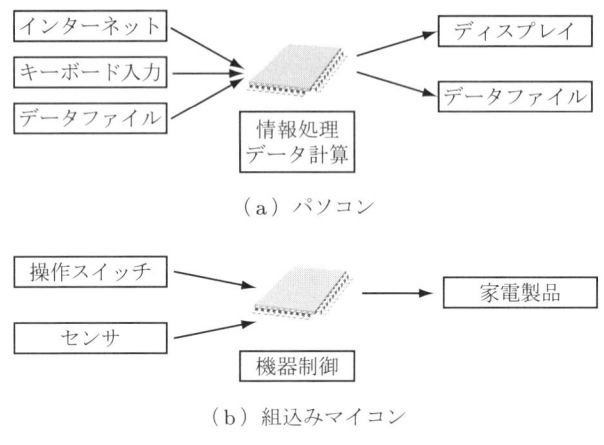

図1.2　マイコンには二種類ある

その一つがペンティアムに代表されるパソコン用のマイコンです．マイコンは一人前の電子計算機ですが，その中心部にあるのが1.2節で説明するCPU（central processing unit）です．

パソコンで使用されるマイコンは，周辺回路を内蔵せずCPUそのものといってよい構造です．パソコンでは図1.3に示すように，マザーボードと呼ばれるプリント基板の中心にあるCPUから，チップセットと呼ばれる大規模なLSIを介し，プリント基板上にデータとアドレスの信号線の束であるバスが張られています．そして，そのバスに計算機システムの構成要素であるメモリ（ROM，RAM）と，入出力のインターフェイスを担当するLSIが接続されています．また，ディスプレイやキーボード，ハードディスクを制御するLSIもバスに接続されています．これらのLSIが協調してパソコンが動作しています．

このマイコンの主な役割は，キーボードから入力されるデータやインターネットなどから取得されるデータを対象にしたデータ処理です．

一方，各種の家電製品などに使われているマイコンは，操作スイッチやセンサなどからの入力をもとに，機器を制御するのが主な役割です．このように，機器に組み込まれて主として制御のために使われるものが「組込みマイコン」です．

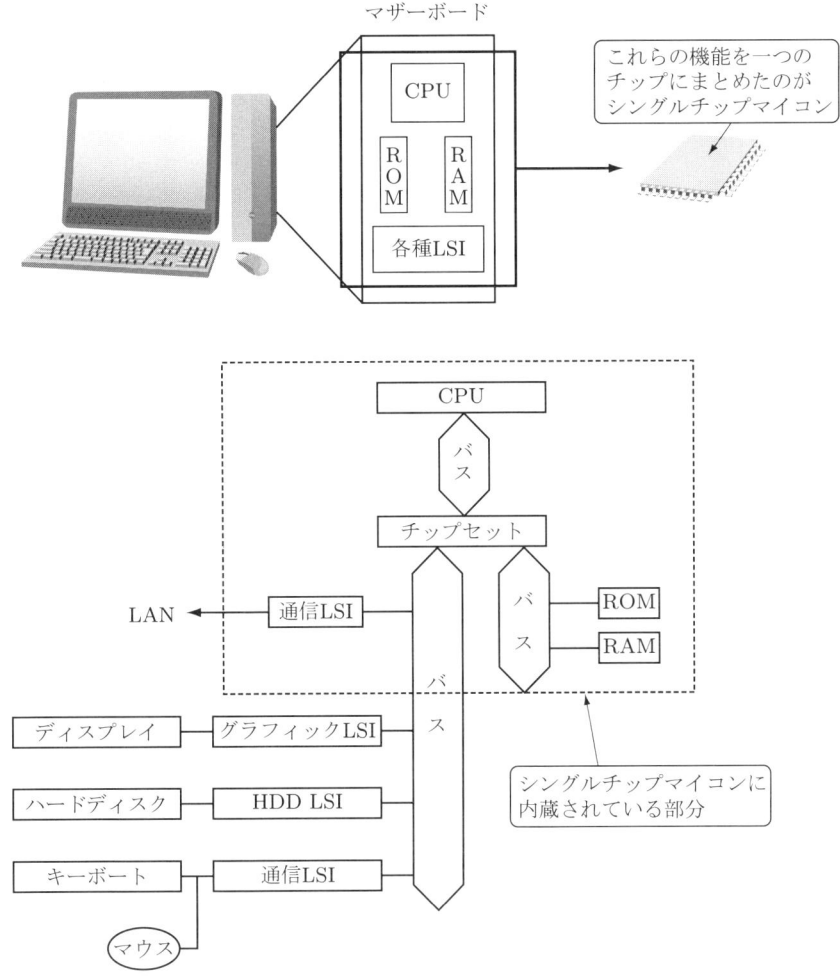

図1.3 パソコンの中を覗いてみると

　パソコンに内蔵されたCPUがデータ処理のためだけの機能であるのに対し，組込みマイコンは，図1.4に示すように機器の制御に必要な入出力の仕組みや通信機能，時間間隔を作り出すタイマなど，多彩な機能を一つのシリコンチップ上に集積しています．

　このように，一つのチップ上に機能を集積していることから，組込みマイコンを「シングルチップマイコン」と呼ぶこともあります．「組込みマイコン」は使い方からみた呼び方で，「シングルチップマイコン」は作り方からみた呼び方といえるでしょう．なお，組込みマイコンにはシングルチップマイコンが多く使われますが，大きなシステムではマルチチップタイプのマイコンが組込み用に使われることもあります．

4　第1章　マイコンとは

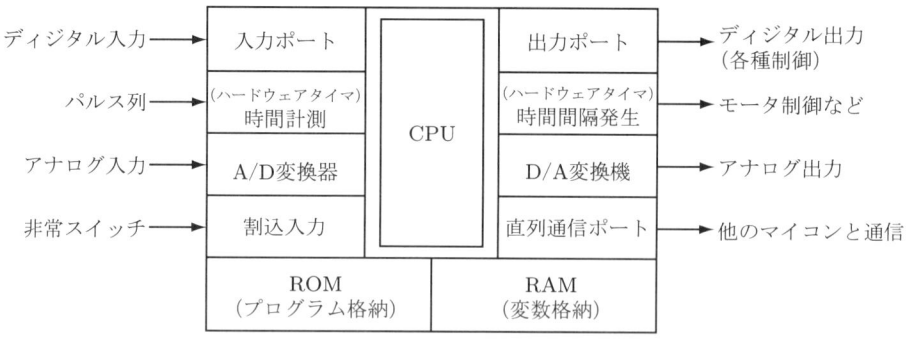

図1.4　各種の内蔵機能と接続先の例

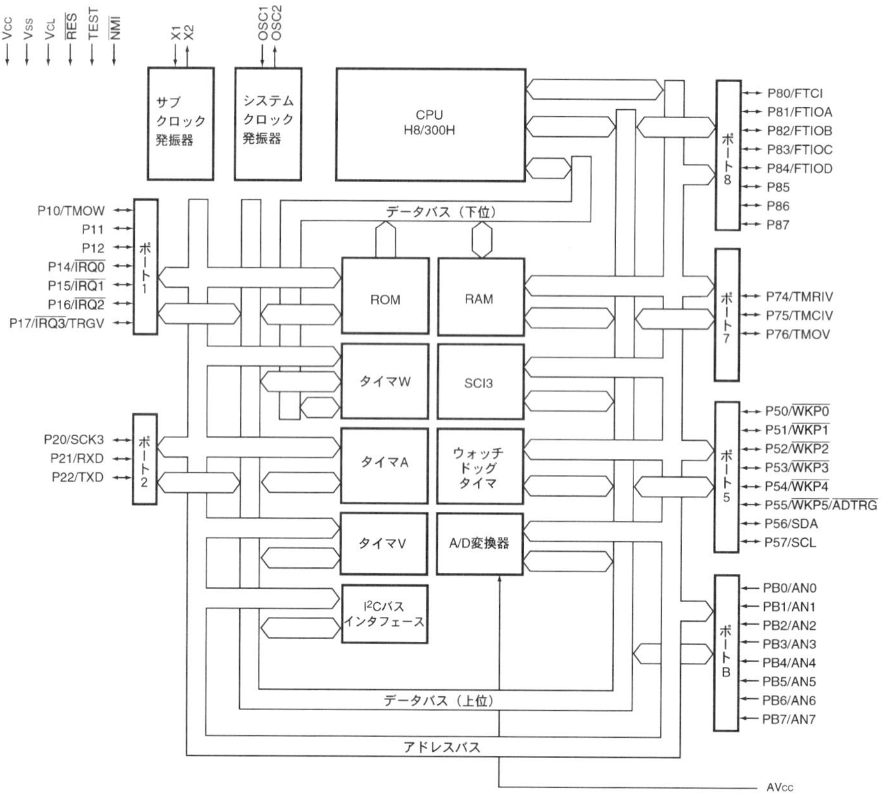

図1.5　シングルチップマイコンのブロック図

　現在では，パソコンの世界ではインテルのアーキテクチャを採用したマイコンが圧勝していますが，組込み用のシングルチップマイコンでは，モトローラの流れを引くものも多くあります．1978年に発表されたモトローラ社の68000という16ビット

マイコンは，きれいに整ったアーキテクチャになっていて大変使いやすいものでした．本書で取り上げているルネサステクノロジのマイコンも 68000 の流れを受け継いでいて，モトローラの流儀を多く取り入れています．

　シングルチップマイコンには多くの機種がありますが，CPU の種類だけでなく，同じ CPU を使っていても，内蔵機能の組合せが異なることにより機種が分化します．図 1.5 は，本書で取り上げている H8/3664F というシングルチップマイコンの内部のブロック図です．

　中央上部に CPU がありますが，CPU の下部には主メモリである ROM と RAM があります．さらに第 5 章で説明するハードウェアタイマ，第 6 章で説明する A/D 変換器，直列通信ポートがあります．左右にあるポートというのが，第 4 章で説明するマイコンと外部回路を接続する I/O 部です．

　組込みマイコンを使いこなすためには，これら各種の内蔵機能の使い方を理解することが中心になるといってよいでしょう．CPU の違いについては，第 2 章に説明するように C 言語のコンパイラが受けもってくれます．

1.2　電子計算機とマイコン

　最近の家電品には，ほとんどの製品にマイコンが組み込まれています．マイコンは，小さいながらも一人前の電子計算機（コンピュータ）です．そこで，この節では電子計算機の内部をちょっとのぞき，電子計算機がどのように動くのか，簡単に説明をします．

1.2.1　電子計算機を構成する五つの要素

　1.1 節では「マイコン」や「CPU」について簡単に触れてきましたが，実際にはどのようなものなのでしょうか．「マイコン」はいうまでもなくマイクロコンピュータの略称ですが，簡単にいえば数ミリ角のシリコンチップの上にコンピュータが一式作り込まれているものです．

　コンピュータの基本的な構成要素は，図 1.6 に示すように，入力，出力，記憶，データバス，制御の五つといわれていて，データバスと制御を合わせてプロセッサ，または CPU と呼びます．CPU は演算処理をするコンピュータの中枢部分です．バスというのは信号線の束で，計算機の中で重要な役割を果たしていますが，詳細は第 4

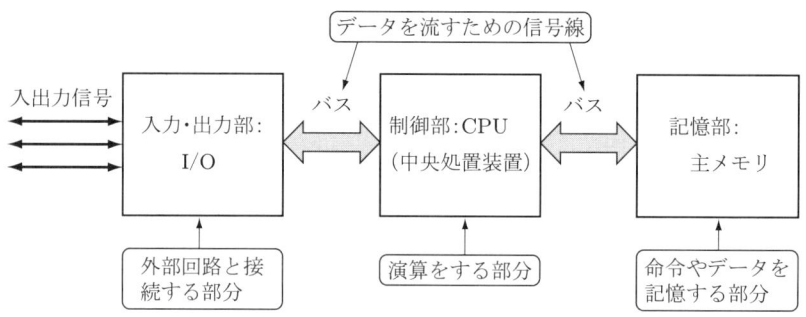

図 1.6　計算機の構成要素

章で説明します．

　初期のころのマイコンは，CPU の部分だけを一つの LSI 上に集積して製作したものでしたが，技術の進歩により，CPU だけでなく五つの構成要素すべてを一つのシリコンチップ（LSI）上に集積して製作できるようになりました．

　最近では，微細化技術の進展で組み込まれる素子数が飛躍的に増え，また，素子の動作速度も向上したため，10 数年前の大型計算機に匹敵するほどの性能が，1 万円以下のチップに組み込まれるようになってきました．現在のマイコンは，一つのチップ内に数百万個から数億個のトランジスタが集積されています．

　本書で取り上げる「シングルチップマイコン」は，図 1.6 の計算機の五つの構成要素のほかに，第 4〜6 章で解説するハードウェアタイマや，A/D 変換機など各種の内蔵機能が一つのチップ内に組み込まれています．

1.2.2　マイコンと CPU

　計算機の構成要素のうち，入出力部とバスについては第 4 章で解説するので，ここでは心臓部である CPU の内部構造について簡単に触れておきましょう．

　図 1.7 に示すように，CPU は実際に演算を行う ALU（演算ユニット），演算用のデータを記憶しておく汎用レジスタ，与えられた命令を解釈してデータの流れを制御する制御部から構成されています．

　現在使われているコンピュータは，すべて「ストアドプログラム方式」といって，実行すべき命令が書かれたプログラムが構成要素の一つである主メモリ上に書かれています．制御部は，主メモリから 2 進数で書かれた機械語の命令を読み出してきて解読し，それに従って必要なデータを汎用レジスタに読み込んだり，ALU に与えたりします．制御部がつぎに読み出す命令がどこにあるかという情報は，プログラムカウンタ（PC）というレジスタに書かれています．このような動作の手順をアーキテ

クチャと呼び，CPU ごとに異なっています．

図 1.8 はアーキテクチャの一例です．「フェッチ」の段階では，制御部は PC に書かれているアドレスに従って主メモリから命令を読み込みます．つぎの「デコード」の段階では，制御部は読み込んだ命令をデコード（解読）し，またつぎに読み出す命令のアドレスを PC に書き込みます．つぎの「メモリ読み出し」の段階では，デコードした命令の内容に従って主メモリからデータを読み出して，汎用レジスタに転送し

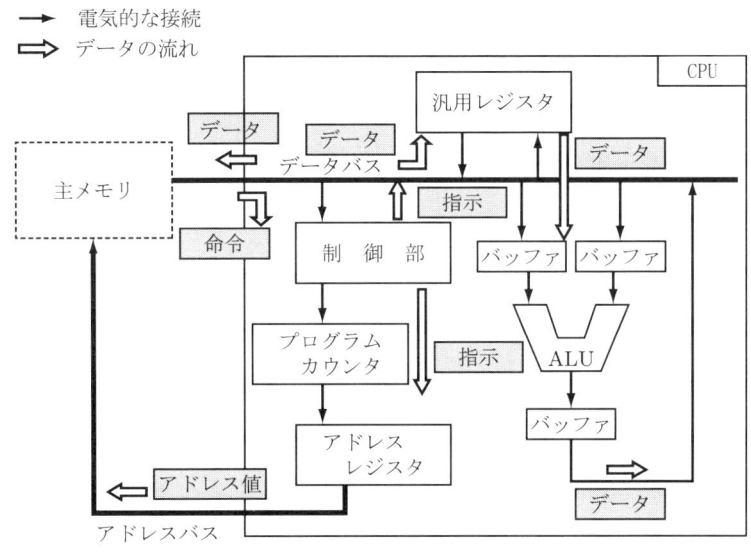

図 1.7　CPU の内部構造

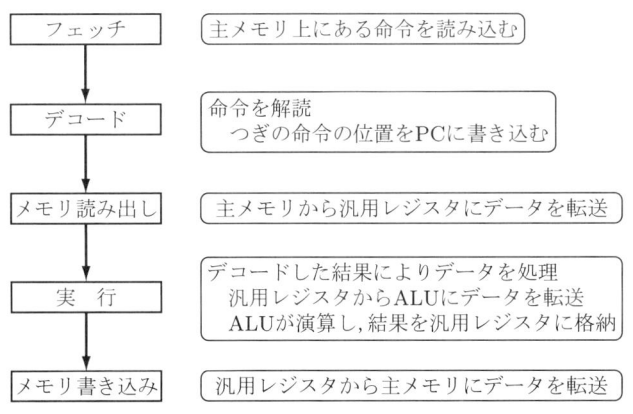

図 1.8　アーキテクチャの例　命令の実行手順

ます．このとき読み出すデータは，主メモリ上にさきほど読み出した命令のつぎに続けて書かれています．つぎの「実行」の段階では，汎用レジスタに書かれたデータをALU に与え，必要な演算を行います．演算の結果は汎用レジスタに書き込みますが，デコードされた命令の内容によっては，汎用レジスタに書かれた演算結果を主メモリに転送することもあります．

　アセンブリ言語はそれぞれの CPU ごとに専用のものが用意されていて，このような動作をプログラムで直接記述することができますが，特定の CPU を想定していない C 言語では，言語の仕様上，汎用レジスタなどの CPU の内部の要素を指定してプログラムを書くことができません．

 レジスタとメモリ

　「レジスタ」というのはフリップフロップで構成されたメモリの一種です．汎用レジスタは，CPU が処理を進めるためのデータを一時的に蓄えておくところで，CPU により異なりますが 8 〜 40 本用意されています．また，CPU の内部には，汎用レジスタのほかにいくつかの制御用レジスタがあります．現在実行中の命令が終了したらつぎの命令をどこから読み出せばよいかを記憶しているPC も，制御用レジスタの一つです．

　CPU 内にあるレジスタのほかに，シングルチップマイコンに内蔵された各種の周辺回路を制御するためのレジスタ群もあります．汎用レジスタは CPU のアーキテクチャの一部で，C 言語で直接指定することはできませんが，周辺回路の制御用レジスタ群にはアドレスが付けられていて，C 言語で直接操作することができます．一方，主メモリは，ROM（read only memory）あるいは RAM（random access memory）という半導体メモリです．RAM は一時的にデータを記憶するもので，電源を切るとデータが消えてしまうのに対し，ROM は電源を切ってもデータは消えません．ROM としては LSI を製造するときに固定したデータを作り込んでしまうマスク ROM が多く使われますが，最近のマイコンでは電気的に消去と書き換えができるフラッシュ ROM も多く使われるようになりました．

　主メモリは，プログラムとデータを格納するためのもので，特定の用途をもつレジスタと異なり大量に必要なため，アドレスを付けて管理します．アドレスの考え方については第 4 章で説明します．

1.3 コンピュータ内での数値の表し方

この節では，数値の表し方の要点を説明します．

1.3.1 ビット，バイト，ワード

コンピュータの内部では，数値は2進数の整数で扱われます．この2進数の桁数のことをビット数と呼びます．ビット数が1の場合（1ビット）は0か1かの二種類の数しか扱えません．

2ビットであれば00，01，10，11の四種類の数値が扱えます．同様に，8ビットでは256種類，16ビットでは65536種類の数値が扱えます．

バイトというのは8ビットのことです．したがって，1バイトのデータは256種類のデータを表すことができます．同様に，16ビットを1ワード，32ビットをロングワードと呼びます．表1.1に，ビット数と扱える数値の大きさを示します．ビット数が多くなると10進数で表すのが大変なので，大きな数値は1024を1kとしてその倍数で表すのが普通です．

"バイト"はBで表すのが普通なので，本書でもここからはたとえば64kバイトは64kBと書きます．

表1.1 ビット数と扱える数値

ビット数	バイト数	扱える数値の大きさ	備考（10進数）
8	1	256	
10	−	1 k	1024
16	2	64 k	65536
20	−	1 M	1048576
32	4	4 G	
64	8	16 T	

1.3.2 2進数と16進数

コンピュータの内部のデータは2進数で表現され，機械語の命令も2進数です．一方，人間は10進数で数値を扱います．2進数の表現は，桁数が多くなって表現が不便なのと人間が直感的に理解しにくいことから，10進数に近い表現になる16進数をよく使います．16進数はコンピュータと人間の間を取りもつ表現方法といえます．

(重み付け)　　8 4 2 1
　　　　　　　1 0 1 1 (2進数) =8+0+2+1=11(10進数)=b(16進数)

(重み付け)　　8 4 2 1
　　　　　　　0 1 0 0 (2進数) =4(10進数)=4(16進数)

1 0 1 1 0 1 0 0 (2進数) → (1 0 1 1)(0 1 0 0) → (8+2+1) (4) → b 4(16進数)

同様に
0 0 0 0 1 1 0 0 (2進数) → (0 0 0 0)(1 1 0 0) → (0) (8+4) → 0 C(16進数)
1 0 0 1 1 0 1 0 (2進数) → (1 0 0 1)(1 0 1 0) → (8+1) (8+2) → 9 A(16進数)

図1.9　2進数と16進数の換算

　マイコン内で使われる1バイトのデータは，2進数の8桁なので10110100などと表しますが，16進数に直すには，図1.9に示すように2進数を4桁ごとに区切り，それぞれの桁に8，4，2，1の重み付けをし，1がある桁の重み付けを足します．図1.9の1011の場合は，1がある桁の重みを足すので8+2+1=11になります．このとき16進数では，10はa，11はb，12はc，13はd，14はe，15はfで表す約束になっているので，1011は16進数のbとなり，また同じように0100は4となるので，10110100はb4ということになります．

　C言語では10進数と間違えないために，16進数の場合は最初に0xを付けることになっています．したがって，2進数の10110100はC言語では0xb4と表します．

　つぎの節に出てくる0C9Aという命令は，図1.9に示すように，実際は主メモリ上に0000110010011010というビットの並びで書かれています．

　アセンブリ言語ではプログラムや数値を大文字で書く習慣があり，B4とか0C9Aなどと表記しますが，本書でもアドレスの表記でFF00などの16進数を用いる場合があります．

　アセンブリ言語では，16進数ということを明示するためにマイコンのメーカーごとに特有の表現方法がありますが，ルネサステクノロジのマイコンでは16進数をH'で表し，H'B4などの表記を用います．

マイコンのビット数

　16ビットマイコンとか32ビットマイコンという言い方があります．ここでいうビット数は，本来は一度に処理できるデータのビット数なのですが，ビット数の条件としてはCPU内の汎用レジスタのビット数，データバスのビット数，

機械語の命令がサポートしているビット数など複数のものがあります．いずれにしても性能を表す数値で，数字が大きい方が高性能という印象があるため，メーカーの思惑で混乱気味なのが実情です．

たとえば，本書で取り上げている H8/3664F に組み込まれている H8/300H シリーズの CPU は，32 ビットの汎用レジスタをもっていて，アーキテクチャとしては 32 ビットの演算ができますが，データバスは 16 ビットです．32 ビットマイコンといえないこともないですが，同じルネサステクノロジ製で高性能・高機能の SH マイコンが 32 ビットとされているので，製品の系列を整えるため 16 ビットに位置づけられています．

1.4 マイコンとプログラミング言語

ユーザがマイコンを目的どおりに動かすためには，プログラムを書く必要があります．それではユーザが書いた C 言語のプログラムは，どのような手順でマイコンに伝えられるのでしょうか．

この節では，マイコンとプログラミング言語の関係をみていきます．

1.4.1 マイコンは 2 進数の機械語で動く

図 1.10 に示すように，皆さんは行動を日本語で（英語の人もいるかもしれませんが）まず考えてから，表現すると思います．それと同様に，コンピュータの動作は 2 進数で表された機械語の命令が与えられることによって決まります．実際にマイコンを動かすのは主メモリ上に 2 進数で書かれた機械語のプログラムです．ただし，機械語は数値（命令コード）が並んでいるだけで，人間には理解できません．

たとえば，本書で取り上げている H8/300H シリーズでは，「0C9A」という機械語の命令は「CPU 内の汎用レジスタ R1L の内容を R2L にコピーせよ」という意味です．

1.1.2 項で，コンピュータの動作の仕組みをアーキテクチャと呼ぶと説明しましたが，機械語というのはコンピュータの動作を直接指示できる仕組みになっていて，アーキテクチャと同じ意味をもっているといえます．したがって，機械語はアーキテクチャごとに独自のものが必要になり，マイコンに内蔵された CPU の機種ごとに異なっています．

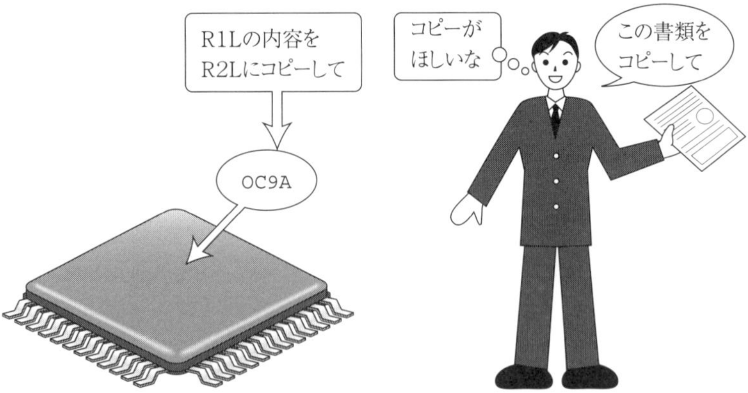

図 1.10 マイコンの動作は機械語で表される

1.4.2 マイコンのアーキテクチャを表すアセンブリ言語

2進数の数値が並んでいるだけの機械語に対して，もう少し直感的にわかりやすい言語としてアセンブリ言語が考えられました．アセンブリ言語では，命令語のほかにオペランドと呼ばれる条件を設定するための表現の組合せで一つの命令が作られます．命令語は MOV とか ADD など英単語からの類推で機能が推定できるものになっています．

たとえば，先ほど出てきた 0C9A という機械語をアセンブリ言語で表現すると

　　MOV.B R1L,R2L

となります．MOV が命令語で英語の move に相当します（実際の動作はデータの移動ではなくコピーですが）．命令語の後にピリオドを打って，つぎに扱うデータのサイズを書きます．B は扱うデータのサイズがバイトであることを表します．スペースで区切られた後半の「,」で区切られた2項がオペランドで，ここではデータの流れが R1L → R2L であることを表しています．この1行が先ほど出てきた機械語の 0C9A と同じことを意味しています．

アセンブラというツールは，アセンブリ言語のプログラムを機械語に翻訳するものですが，上記の MOV.B R1L,R2L がアセンブラによって 0C9A という機械語に翻訳されます．

図 1.11 に示すように，アセンブリ言語と機械語は 1：1 で対応していて，MOV.B R1L,R2L と 0C9A は全く同じ意味です．したがって，アセンブリ言語もアーキテクチャを表しているということができます．そのためアーキテクチャが異なる機種間の互換性は非常に小さく，人間に理解できる命令語を使用してはいますが，使用する CPU

```
機械語          0C9A
                 ↕（1：1で対応）
アセンブリ言語   MOV.B R1L,R2L
                 ↕（場面によってC言語の表現が変わる）
C言語            a=b;
```
図 1.11　機械語，アセンブリ言語，C 言語の関係

の機種ごとに文法を覚えなおす必要があります．

　C 言語の場合は，第 2 章で説明するように汎用レジスタではなく変数でデータを扱います．コンパイラがプログラム全体を解析して変数を最適な位置に配置するため，ユーザには変数がどこにおかれたかわからないのが普通です．図 1.11 では，たまたま変数 a が R2L に，変数 b が R1L に配置された場合を示していますが，a=b; が常に MOV.B R1L,R2L に変換されるわけではありません．

1.4.3　どのマイコンでも同じ環境を提供する C 言語

　機械語やアセンブリ言語は，マイコンに組み込まれている CPU の機種ごとに異なるのに対し，C 言語に代表される高級言語では基本的な文法は使用するマイコンにかかわらず規格化されていて，一部分を除き移植が容易です．

　C 言語の場合 ANSI-C という規格があり，この規格に従った C 言語はどの CPU にも共通に使用できます．

　図 1.12 に示す凸凹した面は，マイコンごとの固有のアーキテクチャを示します．これをそのまま使いこなすためには，それぞれのマイコン固有のアセンブリ言語が必要ですが，ANSI-C 規格の C 言語を使ってプログラミングするとどのマイコンでも同じ表面にみえ，どれも同じように使うことができます．

　マイコンごとに異なるアーキテクチャを同じようにみえる面に変換するのはコンパイラの役目です．図からわかるように，コンパイラそのものは各マイコンのアーキテクチャに合わせた専用の物が必要になります．

　図 1.12 では，コンパイラにカバーされていないアーキテクチャの面が右側にわず

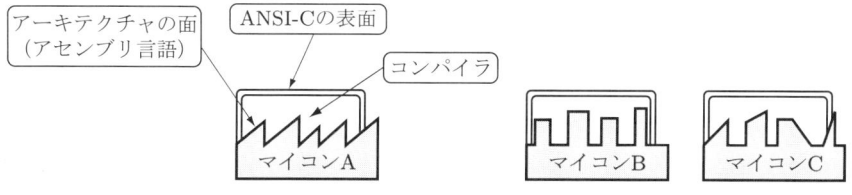

図 1.12　アーキテクチャと C 言語

かに残っていますが，これは主として入出力のインターフェイスやマイコンに内蔵されている周辺回路に関係する部分です．周辺回路は各マイコン固有の構成になっているのが普通なので，各マイコンに共通の規格である ANSI-C では規定しきれません．これらについてはマイコンごとに対処する必要があり，各マイコン固有のハードウェアの知識が必要になります．

　C 言語でパソコン用のプログラムを作成するときは，使用している CPU の種類や，入出力について意識することはほとんどありません．それは ANSI-C には「標準入出力」という規定があり，パソコンではキーボードとディスプレイを標準入出力として使うための"ドライバ"というサブプログラムがあらかじめ組み込まれていて，コンパイラがカバーしていない部分を担当しているからです．C 言語から標準入出力用のドライバを使用するために使われるのが "printf" と "scanf" 関数です．

　しかし，組込みマイコンではキーボードとディスプレイをもっている場合はほとんどなく，マイコン側の入出力もそれに接続される外部回路もシステムごとに異なるので，"printf" と "scanf" は使用することができません．

　このように，C 言語を使用すると，アセンブリ言語やマイコンの内部のことを詳細に知らなくてもプログラムを作成することが可能です．しかし，C 言語によりマイコンがどのように動作するかを知っていると，より効率のよいプログラムを作成できますし，デバッグ（プログラムの間違いを探す作業）も楽になります．その意味で，アセンブリ言語の知識は無駄にはなりません．また前述のように，入出力，内蔵機能などはマイコンごとに異なるため，C 言語を使用する場合でも機種ごとの仕様に従ってプログラムする必要があります．

　1.3.2 項で説明したように，アセンブリ言語では，ソースプログラムと翻訳された機械語が 1：1 で対応しますが，C 言語のプログラムと機械語は 1：1 には対応しません．それは，C 言語の 1 行がアセンブリ言語ではいくつかの命令に分けて翻訳されるためです．

　以上のことをまとめて，コンピュータの言語の関係を表したのが図 1.13 です．

　1.4.1 項で説明したように，マイコンの動作は 2 進数で表された機械語の命令を与えられることによって決まります．

　アセンブリ言語は機械語を人間にわかりやすいように言い直したもので，二重線で結んであるのはアセンブリ言語の命令と機械語の命令が 1：1 で対応していて，常に同じ変換がされるという意味です．

　C 言語を含む高級言語はより自然言語に近い表現になりますが，1：1 で対応しているわけではありません．また，アセンブリ言語とも 1：1 で対応しているわけではありません．一重線で結んであるのはゆるい結びつきで常に同じ表現になるとはかぎ

図 1.13　コンピュータ言語の体系

らないという意味です．

「高級言語」という言葉を使いましたが，アセンブリ言語より品質がよいというような意味ではなく，図 1.13 のように人間を上，コンピュータを下に書いたときに，人間に近い上の階層が"高"，コンピュータに近い下の階層が"低"ということです．

1.5　RISC マイコン

C 言語のような高級言語が普及したことにより，複雑な処理をプログラムで容易に記述できるようになりました．そこで，CPU 内部構造をできるだけ簡単にして，実行速度を上げようという考え方で作られたのが RISC マイコンです．

1.5.1　RISC マイコンと CISC マイコン

インテル社とモトローラ社で最初に開発されたマイコンや，本テキストで取りあげている H8 マイコンは，CISC マイコンと呼ばれています．CISC（Complex InstructionSet Computer）マイコンは，プログラムを書きやすくするためにいろいろな機能を表現できる多数の命令をもち，乗除算などの複雑な操作も 1 命令で実行できる構成になっています．

CISC マイコンでは，内部の結線を複雑にせずに各種の命令を実現するためと，ハードウェアを変更せずに命令を追加できるように，マイクロプログラムという手法を用いるのが普通です．マイクロプログラムとは，マイコン内部に命令解読用の ROM を

もっていて，読み込んだ命令により ROM に書かれた手順に従って論理回路を制御するものです．

CISC マイコンは，新しい機種が開発されるごとにより多くの複雑な命令やアドレス修飾をもつようになってきましたが，反面プロセッサの開発は複雑になり，大変な労力を要するようになりました．

そこで，よく使われる少数の基本的な命令に絞り，複雑な命令は基本的な命令の組合せのソフトウェアで実現する RISC（Redused InstructionSet Computer）マイコンが登場しました．命令数が限られているため，マイクロプログラムを用いずハードウェアの結線で実現でき，高速になると同時にハードウェアの開発が容易で，チップサイズが小さくなるメリットがあります．一方で，乗除算など複雑な処理はソフトウェアで行う必要があり，プログラム作成の負担が大きくなります．したがって，RISC マイコンではアセンブリ言語でプログラムを作成することは少なく，複雑な処理をライブラリでもつ高級言語を使用するのが普通です．表 1.2 に二つの方式の比較を示します．

表 1.2 RISC と CISC の違い

	RISC	CISC
命令数	少	多
命令の解読	ハードウェア	マイクロプログラム
回路規模	小	大
実行速度	速	中
割り算などの複雑な処理	ソフトウェア	ハードウェア

C 言語でプログラムを作成する場合は，コンパイラがハードウェアに合った処理をしてくれるため，ユーザは RISC か CISC かを意識する必要はありません．

RISC を採用した組込み用マイコンの例としては，ルネサステクノロジの「SuperH RISC engine」略称 SH マイコンのシリーズがあります．

RISC マイコンが登場した当初は，RISC マイコンは 40 命令程度，CISC マイコンは 100 命令以上などといわれていましたが，最近は RISC マイコンも命令数が増える傾向にあり，小型の CISC マイコンを上回るものも多くあります．

1.5.2 マイコンの実行サイクルとパイプライン

マイコンを高速化する手法の一つにパイプラインがあります．図 1.14 はパイプラインの動作を説明する図ですが，マイコンの実際の動作は最低限, 命令フェッチ（IF），

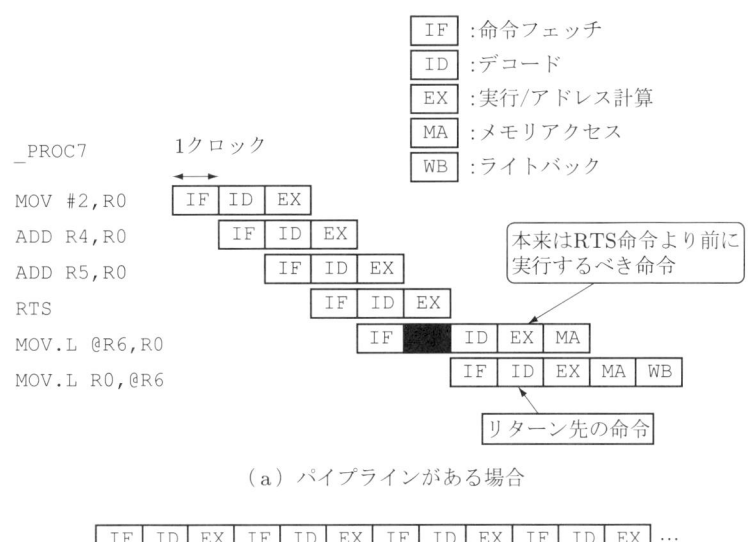

図1.14 パイプラインの動作（SH マイコンの例）

デコード (ID)，実行 (EX) の3段階で構成され，必要に応じてメモリアクセス (MA)，ライトバック (WB) が追加されます．一つの命令を実行するのに，フェッチで主メモリから命令データを読み出し，デコードでそのデータを命令として解釈し，メモリアクセスで演算データを主メモリから読み出し，実行で命令を実行します．

　従来型のCISCマイコンでは，一度に一つの命令しか処理できず，図1.14（b）に示すように各段階を直列に実行していきますが，パイプラインという手法では，一つの命令が終了する前につぎの命令の処理を始めます．図1.14（a）に示すように，パイプラインを何段か重ねると，見かけ上一つのクロックサイクルごとに一つの命令が実行されます．

　RISCマイコンではパイプラインをもっているのが普通ですが，最近ではCISCマイコンでもパイプラインをもつ物があり，この面でもRISCとCISCの区別があいまいになってきました．多くのパソコンで使われているペンティアムは，パイプラインをもつCISCマイコンといわれていますが，マイクロプログラムで解読した命令を実行するコアはRISC風になっていて，RISCとCISCの両方の性格をもっています．

　パイプラインをもっている場合は，処理の流れに従って各命令を配置するよりも，処理の性質によって並べ直した方がパイプラインが効率よく動作することが多くあります．また，前の命令の実行が終了する前につぎの命令の実行にかかっていますが，条件付き分岐（C言語でいえばif文など）のあとでは，つぎにどのアドレスを実行

すべきかが確定していません．このような条件を考えながらアセンブリ言語でプログラムを作成するためには高度な知識が必要になり，この面でもC言語でなければ使いこなすことができません．C言語の場合は，このような順番を入れ替えたりパイプラインを調整する作業はコンパイラがやってくれます．

 マイコンの発展を支える技術

　マイコンが出現してから30年あまりになりますが，この間にマイコンは大変な進歩を遂げてきました．初期のマイコンは規模が小さくクロック周波数も1 MHz以下でしたが，1チップ内の素子数が飛躍的に増えるのと平行してクロック周波数が上昇し，現在では組込みマイコンでもクロック周波数が100 MHzを超えるものがあります．パソコンではGHzのオーダーになってきました．

　このような高速化・高性能化は多様な技術に支えられていて，特に製造技術の進歩による高密度化（微細化）が大きく貢献しています．

　マイコンはCMOSという素子で構成されていますが，CMOSを構成するMOSトランジスタは微細化に適した素子で，現在では1万分の1 mm以下のサイズでチップ上に作り込まれていて，さらに微細化が進められています．

　この素子は，微細化するほど動作が高速になると同時に消費電力が減るという特性があるので，微細化技術の進歩とともに高集積化，高性能化が進展してきました．

　どこまで微細化が進められるかという限界はまだみえていない状態ですが，1万分の1 mmというのは水平方向の数値で，厚み方向（膜厚）はもっと小さな数値になっており，量子論の効果が現れる膜厚になってきました．実際トンネル効果で電流が漏れてしまい，無駄な消費電力が発生するという現象が起きています．

　マイコンのハードウェアを支える技術は，量子論の世界にまで踏み込んできたといえるでしょう．

第2章 C言語とマイコン

　最初に開発されたC言語は，計算機の仕組みを熟知した人がシステムの内部まで制御することができるように作られた言語でした．その後，一般化されて計算機のハードウェアを知らない人もC言語を使うようになったため，移植性と安全性を確保することを目的にANSI規格が定められました．しかし，制限付きながらハードウェアを直接制御できる機能は残されており，組込みマイコン用のプログラムを書くには適した言語といえます．

　C言語の文法そのものは一般の参考書で勉強していただくことにして，この章では，シングルチップマイコンを使いこなすために必要な知識に絞って解説をします．

　以下，本書では単に"マイコン"と表記した場合も，シングルチップマイコンのことを指します．

2.1　ANSI-Cという規格

　現在使われているC言語は，ANSI（American National Standards Institute；米国規格協会）で規格が定められたものです．日本で使われているものは，それに日本語処理を加えたものですが，一般にANSI-Cと呼ばれています．ANSI-Cは多様な機能を規格化しているため，ANSI規格のC言語はデータ処理のためのパソコン用，機器制御のための組込みマイコン用など各種の用途に対応できます．しかし，パソコン

表2.1 マイコン用プログラムとパソコン用プログラムの違い

	マイコン用	パソコン用
主な目的	機器制御	データ処理
入力	電気信号	キーボード，ファイル
出力	電気信号	ディスプレイ，ファイル
プログラムが主に扱う対象	特定のアドレスが与えられたレジスタ	データ処理の手順を記述した関数
プログラムが置かれる場所	ROM	RAM
ハードウェアの初期化	プログラムで記述	OS が担当
プログラムの起動	電気的なリセット信号	OS 上でユーザが起動
プログラムの終了	永久ループになっていて終了しない	処理が終わったら終了して管理を OS に渡す

用のプログラムとマイコン用のプログラムでは，表2.1 に示すようにいくつも異なる点があります．

　第3章で説明するように，C 言語で書かれたプログラムをマイコン上で実行できる機械語に変換するのは，コンパイラとリンカというツールの役目ですが，マイコン用の C コンパイラでは，ハードウェアの制約や使い勝手の面から ANSI 規格を守っていない部分がいくつかあります．

　たとえば，ANSI 規格ではプログラムは main 関数から実行が開始されることになっていますが，OS を使用しないマイコンの場合は，main 関数を実行する前にハードウェアの初期化をする必要があり，ハードウェアの初期状態を決める関数などユーザが指定する関数から実行を開始することができます．それどころか，main 関数が存在しなくても支障なくプログラムが実行できるように作られています．

　また，ANSI 規格では，static 変数は初期値が 0 と規定されていますが，マイコンではユーザが意識的に初期値を与えてやらないと 0 にはなりません．

　このように，ANSI 規格を守っていない部分はいくつかありますが，プログラムの書き方の基本はパソコン上の C 言語と同じで，パソコンで学んだ C 言語の知識がそのまま通用します．しかし，マイコン特有の項目を理解して目的にあった使い方をすることが必要になります．

2.2 マイコン特有の記述

ほとんどのC言語の教科書は，パソコン上でプログラムを実行することを前提に書かれていますが，マイコンのプログラムでは，パソコン用のプログラムではあまり使われない書き方がいくつか必要になります．この節では，マイコン用プログラムで使われる手法について説明します．

2.2.1 マイコン内のレジスタ群を記述するヘッダファイル

シングルチップマイコンの場合は機種ごとに異なる内蔵機能をもっていて，この部分はANSI規格では規定されていません．ANSI規格でカバーされない部分は，ポインタ変数を使ってユーザがアドレスを指定しながら記述する必要があります．

ポインタ変数を使うには，まず変数宣言をしてからポインタ変数にアドレス値を与え，その後ポインタ変数で指定したアドレスにアクセスすることになり，かなり面倒です．

第4章で詳しく解説しますが，内蔵機能を制御するための各レジスタが配置されているアドレスは，マイコンの機種ごとに決まっています．そこで，あらかじめ必要なポインタ変数の宣言とアドレス値の代入をヘッダファイルの中で行い，さらに，マクロ機能（#define文）でポインタ変数にわかりやすい名前を割り当てておくと，そのヘッダファイルをインクルードすればポインタ変数を意識することなく内蔵機能を扱うことができます．このようなヘッダファイルは自分で作ることもできますが，マイコンのメーカーがあらかじめ用意しているのが普通です．本書で使用するルネサステクノロジ製のマイコンでは，HEWと名付けられた開発環境の中で自動生成される仕組みになっています．HEWというのは High performance Embeded Workshop の略称で「ヒュー」と読みますが，「組込みマイコンのための作業場所」というような意味です．

ルネサステクノロジ提供のヘッダファイルについては第4章で解説しますが，内蔵機能を制御するレジスタ群にハードウェアマニュアルに記載されたレジスタ名の略称と同じ名前を付け，ポインタ変数で各レジスタのアドレスを定義し，さらに構造体，共用体を巧みに使って，ワード単位，バイト単位，ビット単位のいずれでもレジスタにアクセスできるようにしてあります．

図2.1は，ヘッダファイルとレジスタの関係を示す図です．たとえば，PDR5というレジスタにデータを書き込むときには，あらかじめヘッダファイルがインクルード

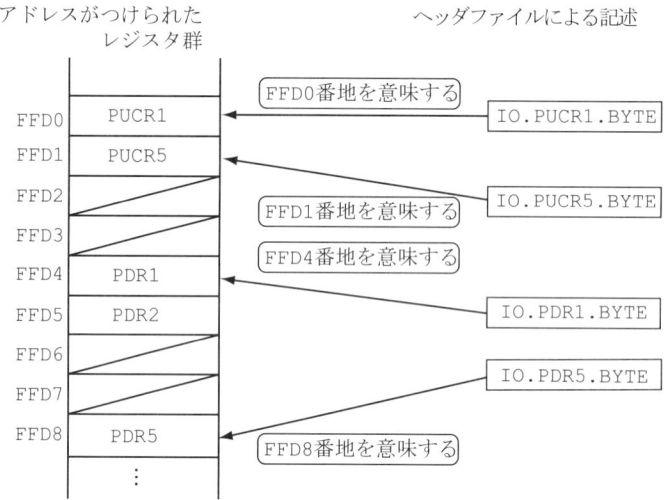

図 2.1　アドレスが付けられたレジスタ群とヘッダファイルの関係

されていれば「ポインタ変数を用意してから，ハードウェアマニュアルで調べたアドレスをポインタ変数に代入する」という操作のかわりに，`IO.PDR5.BYTE` と書くだけですんでしまいます．

ただし，ヘッダファイルはコンパイラの仕様に依存する部分もあり，HEW で自動生成されたヘッダファイルは HEW 専用と考えるのが安全です．他のコンパイラを使用する場合は，そのコンパイラの仕様を読んで部分的に書き換える必要があります．手法自体は共通なので，書き方は参考になるはずです．

2.2.2　C 言語ではできない作業

マイコンの内蔵機能を制御するレジスタ群は，アドレスが与えられているため，ポインタ変数あるいはヘッダファイルを用いて C 言語で記述することができますが，アドレスが付けられていない CPU 内部のレジスタは，C 言語で操作することはできません．

図 2.2 は，本書で取り上げている H8/3664F の CPU 内部のレジスタです．ER0 から ER7 までの 8 本の汎用レジスタは 32 ビットのサイズがあり，これを 2 分割あるいは 4 分割して 32 ビット，16 ビット，8 ビットの 3 通りのサイズで使うことができます．ER0 というレジスタを 16 ビットのレジスタとして使うときは E0 と R0 という呼び方になり，8 ビットのレジスタとして使うときには R0H，R0L という呼び方

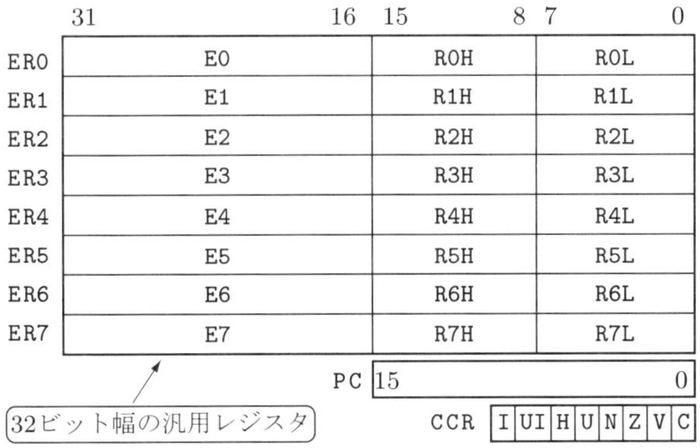

2.2 マイコン特有の記述　23

	31	16	15	8	7	0
ER0		E0		R0H		R0L
ER1		E1		R1H		R1L
ER2		E2		R2H		R2L
ER3		E3		R3H		R3L
ER4		E4		R4H		R4L
ER5		E5		R5H		R5L
ER6		E6		R6H		R6L
ER7		E7		R7H		R7L

PC: 15 — 0
CCR: I U I H U N Z V C

〔32ビット幅の汎用レジスタ〕

図2.2　マイコン内部のレジスタ

になります．制御用のレジスタとしてはプログラムカウンタ（PC）とコンディションコードレジスタ（CCR）があります．

この中では，第7章で説明するCCRの中の割込マスクの設定，第8章で説明するスタックポインタ（ER7レジスタを使用）の初期設定が問題になります．

これらのレジスタにデータを設定するために，アセンブリ言語でサブルーチンを作ってC言語から呼び出す方法，ハードウェアで対策する方法，コンパイラで対策する方法などがあります．

また，C言語の普通の処理は汎用レジスタを使って進められますが，C言語でプログラムを作成するときは，コンパイラが変数のサイズによってレジスタのサイズを使いわけてくれるので，汎用レジスタを意識する必要はありません．

2.2.3　割込処理

図2.3に示すように，プログラムの実行中に強制的に別のプログラムに実行を移してしまう「割込」という仕組みがあります．割込処理の詳細は第7章で解説しますが，割込が発生すると，そのとき実行されていたメインのプログラムを中断して，割込処理プログラムが実行されます．割込処理プログラムが実行されているときに，さらに別の割込が発生する場合もあります．

割込の要求は電気信号（ハードウェア）で行われるため，メインのプログラムの流れとは関係なく発生します．また，割込要求の電気信号が発生したあとの処理は，図2.4に示すようにハードとソフトの共同作業で行われますが，その処理の手順はANSI規格では規定されていません．

しかし，割込処理の内容（図2.3の割込処理プログラム）はC言語の関数の形で

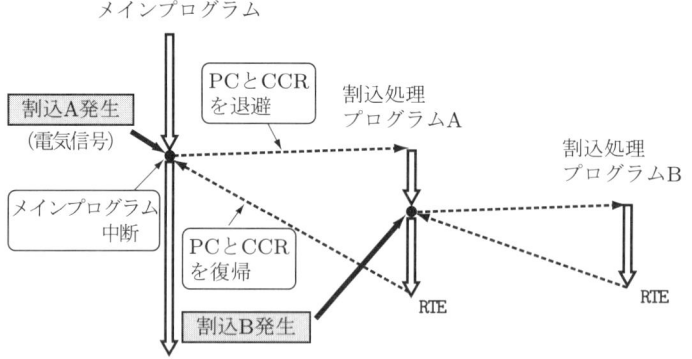

(RTEは割込処理の終了を意味するアセンブリ言語の命令)

図 2.3　割込処理の流れ

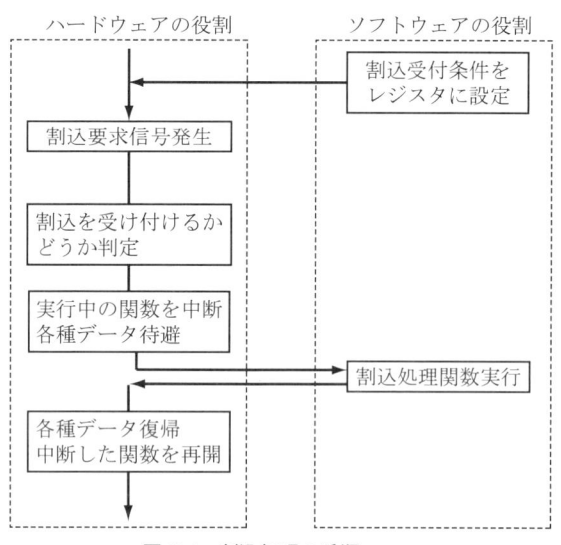

図 2.4　割込処理の手順

書くことができ，コンパイラに割込処理のための特別な関数であることを認識させれば，あとはコンパイラが処理してくれるようになっています．

CPUの活動範囲；アドレス空間

　アドレス空間というのは，図2.5のように，アドレスバスを使ってCPUがアクセスできるアドレス値の範囲のことです．モトローラの流れをくむマイコンでは，主メモリのROM・RAMと内蔵機能を制御するレジスタがアドレス空間に配置され，また，図2.6のようにアドレスバスとデータバスをチップの外に取り出せば，外部の各種の回路にアドレスを与えて接続することもできます．

　アドレス空間の大きさは，アドレスバスのビット数で決まります．本書で取り上げているH8/3664Fのアドレスバスは16ビットで，アドレス空間は64 kBになります．

　このアドレス空間を，アドレス値の小さい方を上に，大きい方を下にして表示するのがメモリマップです．メモリマップ上で"上"とか"下"という表現が出てくることがありますが，"上"はアドレス値が小さくなる方向を表します．図2.5では，一番上が0番地，一番下が16ビットで表せる最大アドレスのFFFF番地です．

注：大変まぎらわしい話ですが，「上位アドレス」「下位アドレス」という表現もあります．この場合は一般的には上位がアドレス値の大きい方を意味します．

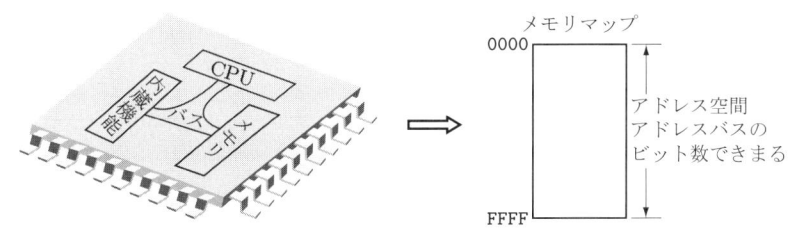

図2.5　アドレスバスとアドレス空間

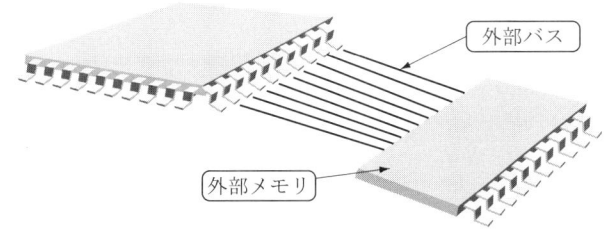

図2.6　外部バスと外部メモリ

2.3 関 数

C言語のプログラムは関数で構成されています．C言語でマイコン用のプログラムを書いて実行される手順を整えるには，関数が呼び出されて実行される手順を知っておくことが必要です．この節では，関数呼び出しで重要な役割をもつスタックについて説明し，スタックの動きを追いながら関数呼び出しの手順をみていきます．

2.3.1 スタックの役割

C言語のプログラムは関数を呼び出して実行することにより進行しますが，関数を呼び出すときにスタックが重要な役割をもちます．スタックというのは臨時に使用されるメモリ領域です．スタックはもともと"積み重ねる"とか"棚"という意味がありますが，常設の倉庫ではなく，臨時に荷物（データ）を積み上げておく棚と考えてください．

また，"スタック"には"干し草の山"という意味もあります．干し草は刈り取った順に地面に積み上げられ，使うときは山の上から取り出していきます．

図2.7はその様子を示していますが，図では干し草ではなくデータを表す箱が積み上げられています．

スタックの場合もRAM領域のアドレス値が一番大きいところ（メモリマップの一

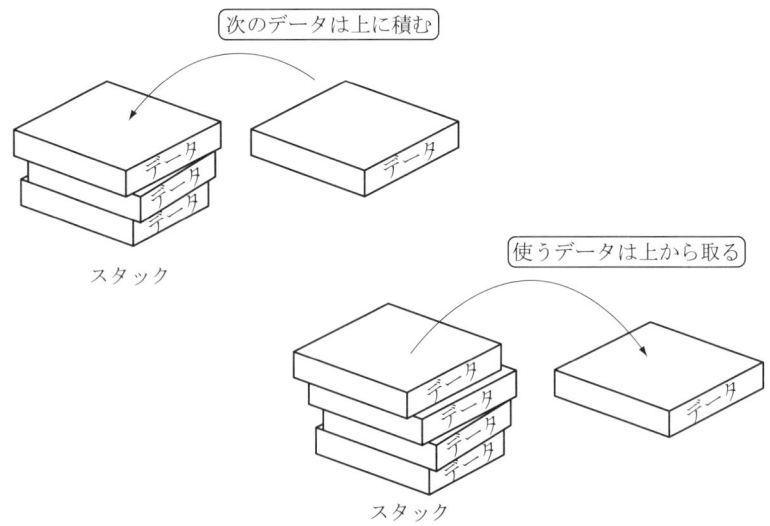

図2.7 スタックに積み上げられたデータ

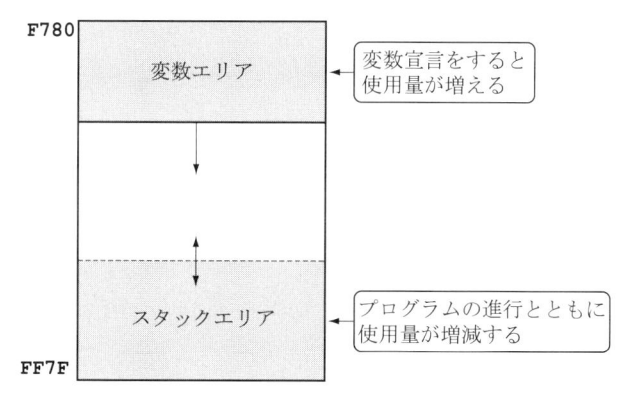

図2.8 変数領域とスタック領域

番下）から上（アドレス値が小さくなる方向）に向かって使われ，データを取り出すときは上から順に取り出していきます．干し草の山の高さに相当するスタックの大きさは，プログラムの進行に従って増えたり減ったりします．

図2.8に示すように，普通の変数はマイコンのRAM領域でアドレス値の小さい方から大きい方に向かって配置されていきますが，スタックはアドレス値の大きい方から小さい方に向かって逆方向に配置されていくという特徴があります．

また，スタックを使うときには，アドレス値そのもの（絶対アドレスとよびます）ではなく，スタックポインタというレジスタを基準にした相対的なアドレスを使用しますが，スタックポインタは，図2.9のように使用済みの最後のアドレスのデータをもっていて，つぎはどのアドレスを使えばよいかがわかるようになっています．

C言語のユーザは気にする必要はありませんが，スタックポインタは汎用レジスタの中の番号が一番大きいものが使われるのが一般的です．H8/300HシリーズではR7レジスタまたはER7レジスタが使われます．

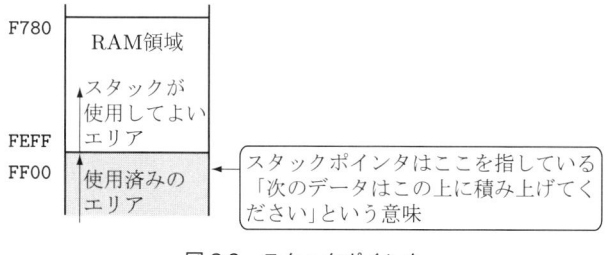

図2.9 スタックポインタ

2.3.2 関数呼出しの手順

スタックには変数の一部（auto 変数）が収容されますが，同時に関数を呼び出して実行するときに重要な役割を果たします．

図 2.10 は，関数呼び出しの手順を表したものです．main 関数から関数 A を呼び出すと，呼び出した方の main 関数はいったん中断し，呼び出された関数 A の方にプログラムの流れが移ります．そして，関数 A が終了すると main 関数に戻って続きの処理が行われます．このとき，main 関数が中断前の作業を正しく続けられるように，変数の値や計算途中のデータを一時的に保管するためにスタックが使われています．

図 2.10 に示すように，①関数 A が呼び出されると，②呼び出された関数が終了したときに main 関数のどこから処理を再開するかを示すプログラムカウンタ（PC）の値と，③関数 A の中で書き換えられてしまう汎用レジスタの値がスタックに書き込まれます（待避と呼びます）．そして，④関数 A が終了する直前に，待避していた汎用レジスタの値が書き戻され（復帰），⑤関数の終了を意味するアセンブリ言語の命令 RTS が実行されます．RTS 命令が実行されると，⑥待避していた PC の値が復帰し，⑦中断していた main 関数が再開されます．

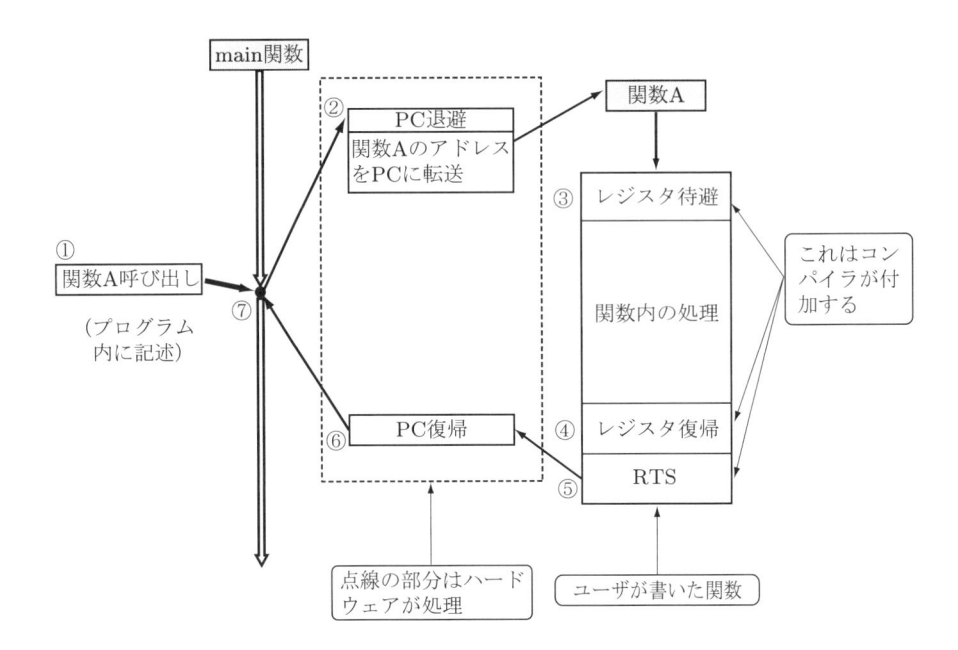

図 2.10 関数呼び出しの手順

このほかに，引数や戻り値，関数 A の中で使われる変数がスタックに置かれることもあります．

以上に説明した手順で，図 2.11 に示すように main 関数が中断前に使っていた変数や途中経過のデータがすべて復元され，関数呼び出しがはさまっても main 関数の連続性が保証されます．

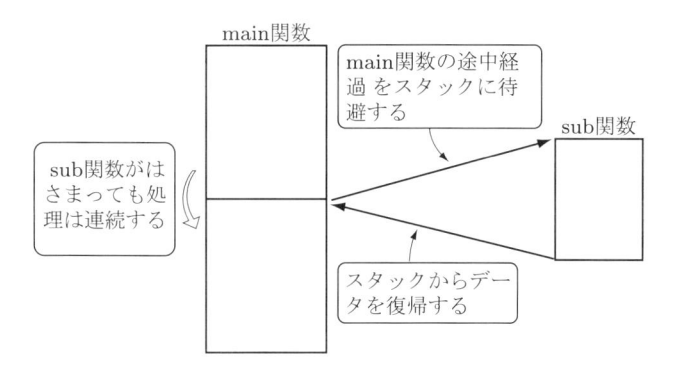

スタックはデータの一時預かり

図 2.11　スタックに待避する理由

関数の呼び出しのために使われたスタックや，関数の中のローカル変数のためのスタックは，その関数が終了すると不要になるので，メモリエリアを有効に使うために開放します．具体的には，その関数を呼び出す前の位置までスタックポインタを戻しますが，この操作はハードウェアの役割なのでユーザは気にする必要はありません．ただし，解放されたメモリエリア上に置かれていたローカル変数は消滅してしまいます．

図 2.12 は，プログラムの進行にしたがってスタックの消費量が増減する様子を表しています．①まず最初の関数 A がスタートするときにスタックが使われます．②つぎに，関数 A から関数 B1 を呼び出すと，さらにスタックが消費されます．③同様に関数 B2 を呼び出すとスタックの消費量が増加します．④その後関数 B2 が終了するとスタックが解放されて，②と同じ消費量に戻ります．⑤さらに関数 B1 が終了すると，①と同じ消費量に戻ります．以後，関数 C1，関数 C2 についても同様にスタックの消費量が増減します．

スタックはシステムの RAM 上に置かれるので，プログラムをシステムに組み込むときには，プログラムの進行に従って増減するスタックの最大使用量を見積もって，適正な量の RAM を用意する必要があります．これについては第 8 章で詳しく説明します．

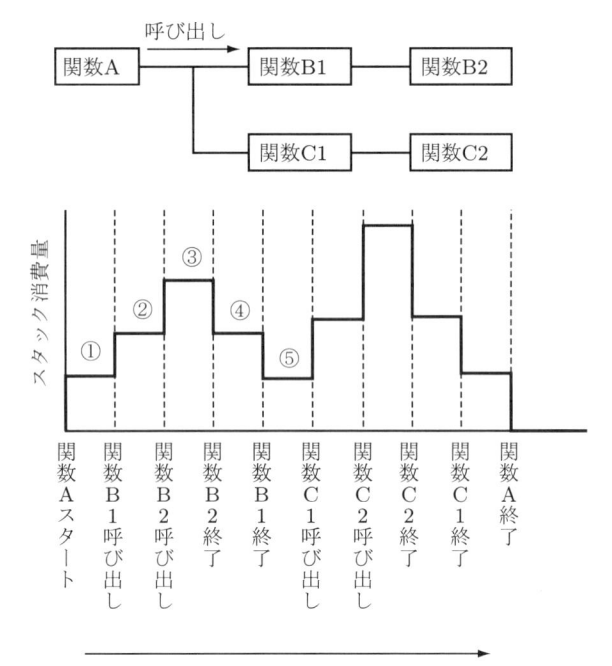

図2.12　スタック消費量の増減

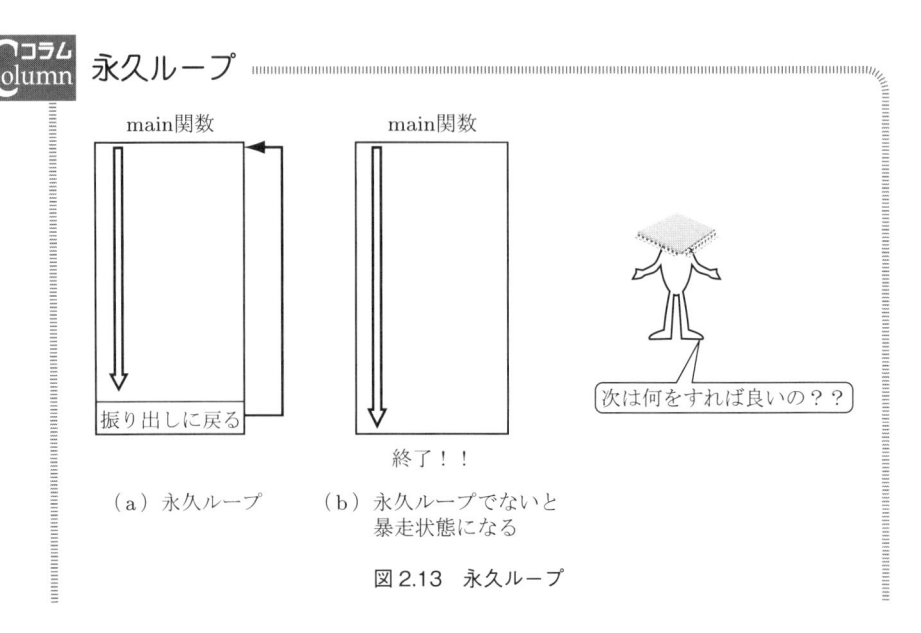

コラム　永久ループ

（a）永久ループ　　（b）永久ループでないと暴走状態になる

次は何をすれば良いの？？

図2.13　永久ループ

> OSを使っていないマイコンのプログラムでは，最初に実行された関数（普通はmain関数）は終了してはいけません．パソコンの場合は，main関数が終了するとWindowsなどのOSが後を引き継ぎますが，マイコンではつぎに実行すべき命令が用意されていないので，暴走状態になります．

2.3.3 ANSI規格の組込み関数

H8/300シリーズのCコンパイラでは，ANSI規格の組込み関数は限られたものしか用意されていないので注意が必要です．

1.4節で説明したように，パソコンのC言語で入出力を担当する"printf"，"scanf"の関数は使えません．また，算術演算の関数では，実数を扱う関数など使えないものが多くあります．

このような関数は，定義だけはされていて，一見呼び出せるようにみえますが，関数の中身は空なので呼び出しても何もしないで戻ってきてしまいます．どうしても必要な場合は，ユーザが独自に作る必要があります．

2.4 変 数

変数の型，クラス，通用範囲はC言語の基本知識ですが，マイコン用のプログラムを作る場合，パソコンではほとんど気にしないでよかった変数の置き場所など，細部まで気をつかう必要があります．この節では，マイコンを使いこなす上で必要な変数の知識を説明します．

2.4.1 変数の型と取り扱える数値

変数の型と取り扱える数値については，表2.2のように原則としてパソコンのC言語と同じですが，int型はコンパイラごとに異なるサイズ（shortまたはlong）が割り当てられるので，確認が必要です．H8/300シリーズでは，intは2バイトのshort型になります．また，ポインタ変数はアドレスバスのビット数によりサイズが異なるため，H8/300Hシリーズの中でも機種によってサイズが異なります．今回取り上げ

表2.2 変数の一覧表

		型	バイト数	扱える数値	H8/3664F の場合
符号あり	整数型	char	1	$-128 \sim 127$	注1
		int	2	CPU により異なる	short
		short	2	$-32768 \sim 32767$	
		long	4	$-2147483648 \sim 2147483647$	
	実数型	float	4	$\pm 3.4e-38 \sim \pm 3.4e+38$	注2
		double	8	$\pm 1.7e-308 \sim \pm 1.7e+308$	注2
符号なし	整数型	unsigned char	1	$0 \sim 255$	注1
		unsigned int	2	CPU により異なる	unsigned short
		unsigned short	2	$0 \sim 65535$	
		unsigned long	4	$0 \sim 4294967295$	

注1：ANSI 規格では char 型が符号付きかどうかは規定されていません．
注2：部分的に例外的な表現があるため，不連続ですが最小値がもっと広がっています．

ている H8/3664F は 2 バイトですが，同じシリーズの多機能マイコン H8/3048F では 4 バイトです．

シングルチップマイコンでは，I/O ポートの入出力データや，内蔵機能制御レジスタのデータを扱うことが多くありますが，このときは表2.2の符号なし変数を使います．1 ビットごとに意味をもっている場合が多いことと，符号拡張による思わぬデータの変質を防ぐためです．

整数型の変数は整数を直接 2 進数として扱うのに対し，実数型は IEEE の方法と呼ばれる手法で，指数部と仮数部に分けて扱います．プログラム中に現れる変数ではない数値は，小数点が付いていなければ整数型，付いていれば実数型として扱われます．

実数型の処理はコンパイラがやってくれるので，ユーザは気にする必要はありません．

Column コラム 符号拡張

C 言語では，short と long のようにサイズが異なる型の変数の間でも自由に代入をすることができます．そのときの変換の型を変換するルールは ANSI 規格で決められていますが，図2.14 に示すように，符号付きと符号なしで結果が異なる場合があります．

たとえば，char 型変数で 1 1 1 1 1 1 1 1 というビットパターンは，符号なしでは 255，符号付きでは −1 を表します．これを short 型の変数に代入すると，符

号なしでは0000000011111111になるのに対し，符号付きではchar型の場合の符号を保存するために1111111111111111になります．このような操作を符号拡張と呼んでいます．

> 10進数の255は
>   unsigned char型   11111111
>   unsigned short型 0000000011111111
> 10進数の−1は
>   char型   11111111
>   short型 1111111111111111
> 同じビットパターンでもunsigned char型とchar型では違う数値を表す
>
> 図2.14 符号拡張

2.4.2 変数宣言 ── クラスと通用範囲

変数を宣言できる場所は原則として関数の先頭ですが，global変数は例外として関数の外で宣言します．global変数は，他のファイルからも書き換えが可能なので，できるだけ使わないのがC言語の常識ですが，シングルチップマイコンでは割込処理関数とのデータのやりとりや，ヘッダファイルの中など使わざるを得ない場面があります．

(1) 変数のクラス

マイコンのプログラムで注意しなければならないのは，変数のクラスと実際に変数が置かれる場所の関係です．

図2.15に示すように，変数のクラスには，"auto"，"static"，"extern"，"register"の四種類があります．それぞれの割り付け先（変数が置かれる場所）は図2.15, 2.16のとおりです．

クラスは変数宣言の接頭語として指定しますが，何も指定しなければスタック上に変数が置かれる"auto"になります．また，関数の外で宣言するglobal変数は，

> auto   スタックに変数を置く
> static   メモリマップの変数領域（Bセクション）に変数を置く
> extern   別のファイルで宣言されたglobal変数を参照する
>   （メモリエリアの確保は不要）
> register CPU内の汎用レジスタ上に変数を置く（個数に制限あり）
>
> 図2.15 変数のクラスの意味

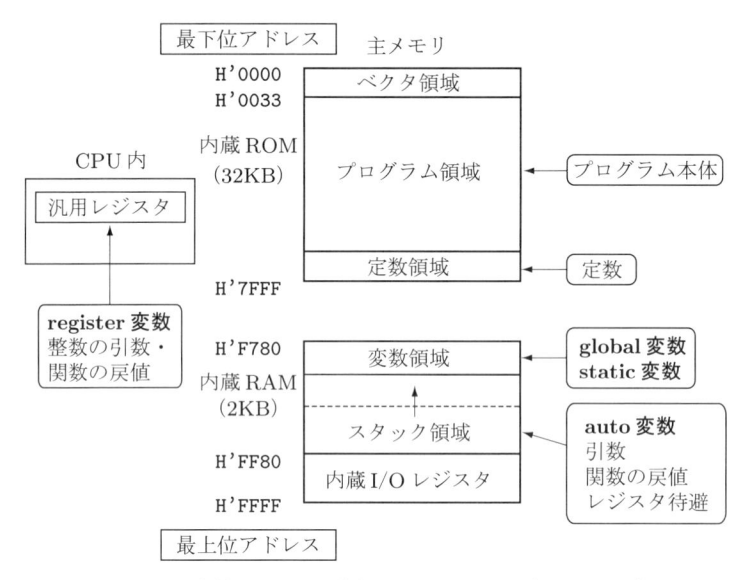

```
                        最下位アドレス    主メモリ
                        H'0000      ┌──────────┐
                        H'0033      │ ベクタ領域  │
             CPU内      内蔵ROM     ├──────────┤
          ┌────────┐   (32KB)      │           │
          │ 汎用レジスタ │            │ プログラム領域 │ ← プログラム本体
          └────────┘                │           │
                                    ├──────────┤
                        H'7FFF      │ 定数領域   │ ← 定数
          ┌────────┐                ├──────────┤
          │ register変数│   H'F780   │           │    global変数
          │ 整数の引数・ │   内蔵RAM   │ 変数領域   │ ← static変数
          │ 関数の戻値  │   (2KB)    ├──────────┤    auto変数
          └────────┘                │           │    引数
                                    │ スタック領域 │    関数の戻値
                        H'FF80      ├──────────┤    レジスタ待避
                                    │内蔵I/Oレジスタ│
                        H'FFFF      └──────────┘
                        最上位アドレス
```

図 2.16　変数のクラスと変数が置かれる場所（H8/3664F）

static 変数と同じメモリマップの変数領域に割り付けられます．

　変数の割り付け先はパソコン上の C 言語ではあまり意識する必要はありませんが，シングルチップマイコンでは，メモリマップの設計に影響するためきちんと区別する必要があります．また，デバッグ作業のときにも，クラスと置かれた場所を意識している必要があります．

　register 変数は，アクセス速度が速いかわりにレジスタの本数で制限されますが，今回使用する H8/300H シリーズのマイコンでは，ER3 〜 ER6 の 4 本のレジスタが register 変数用に割り当てられます（ただし，コンパイラのバージョンとオプションの付け方で変化する可能性があります）．一つの 32 ビットレジスタを二つに分割して使うことができるので，変数のサイズによりますが最大で 8 個の register 変数が使用できます．これを超える register 変数を宣言した場合は，auto 変数に割り付けられます．

　また，コンパイラの最適化という機能により，register 変数が宣言されていなくても，整数型および float 型の auto 変数の最初の何個かがレジスタに割り付けられます．

■コラム　最適化により register 変数になった例

　最適化の機能については第 3 章の「最適化の話」のコラムでも説明しますが，ユーザが宣言した auto 変数が register 変数に変えられてしまうことがあります．

アセンブリ言語の表現になってしまいますが，最適化では図2.17のようなことがおこります．図(a)のC言語のソースでは，a1, a2という引数とa3, a4というauto変数が使われています．ところが図(b)のコンパイル結果では，a1, a3はR0に，a2, a4はE0に割り付けられていて，レジスタだけで処理されていることがわかります．

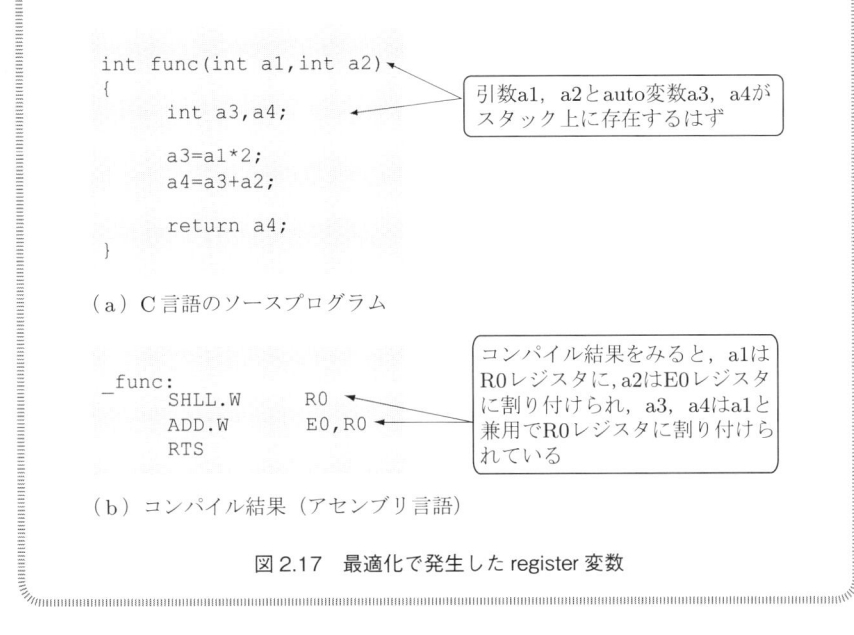

```
int func(int a1,int a2)
{
    int a3,a4;

    a3=a1*2;
    a4=a3+a2;

    return a4;
}
```
引数a1, a2とauto変数a3, a4がスタック上に存在するはず

(a) C言語のソースプログラム

```
_func:
    SHLL.W    R0
    ADD.W     E0,R0
    RTS
```
コンパイル結果をみると，a1はR0レジスタに，a2はE0レジスタに割り付けられ，a3, a4はa1と兼用でR0レジスタに割り付けられている

(b) コンパイル結果（アセンブリ言語）

図2.17　最適化で発生したregister変数

(2) 通用範囲

変数は，図2.18に示すように，宣言の仕方によって使える範囲（通用範囲）が変化します．

関数の先頭で宣言された変数は，その関数の中でしか使えません．また，auto変数の場合は，その関数が終了するとスタックが解放されるため変数が消滅して，もう一度その関数が呼び出されても値は保存されていません．static変数では固定したアドレスに配置されているため値は保存されますが，その関数の中でしか使えないのは同じです．

それに対し，関数の外で宣言された変数（global変数）は，同一ファイル内では宣言されたあとに出現するどの関数でも使えるようになり，プログラムの実行中は消滅することはありません．さらにextern宣言をすることにより，他のファイルからでも使える（"参照する"といいます）ようになります．

この機能は便利なように思えますが，同じ名前の変数が発生したり，思いがけない

ところで変数が書き換えられる可能性があるため，global 変数は慎重に使用する必要があります．

```
int g;          ← 変数gはglobal変数
                  このファイル内のどの関数でも
                  自由に使える
関数A
{
  int a,b;      ← 変数a,bはローカル変数
   .              関数Aの中でしか使えない
   .
   .
   .
}

関数B
{
  static int c,d;  ← 変数c,dはstatic変数
                     関数Bの中でしか使えない
   .
   .
}
```

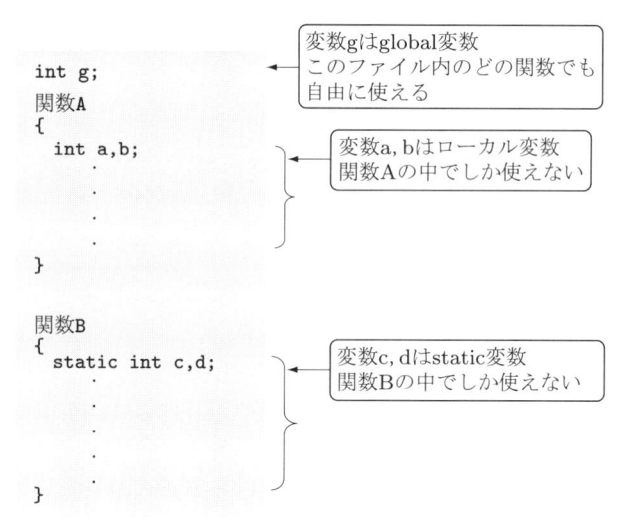

図 2.18　変数の通用範囲

> **コラム　static という接頭語の意味**
>
> static という接頭語は static 変数を宣言するためのものですが，もう一つ次のような意味があります．
>
> global 変数は extern 宣言をすると他のファイルからも自由に使えるようになりますが，global 変数に static の接頭語を付けるとこの機能が禁止されます．つまり他のファイルから見えないようになります．
>
> ベクタテーブルの作り方のところで，関数に対しても extern 宣言で関数がおかれたアドレスを参照できるという説明をしますが，関数にも static の接頭語を付けて他のファイルからの参照，呼び出しを禁止することができます．

2.4.3　初期値付き変数

ANSI 規格では，変数宣言と同時に初期値を与える書き方が認められていますが，初期化のタイミングが変数のクラスによって異なります．global 変数，static 変数はプログラムの開始時に一度だけ初期化が行われるのに対し，auto 変数は関数が呼び出されるごとに初期化が行われます．

したがって，auto 変数では初期値付き変数を宣言した場合と，変数宣言だけして

```
                int a=10;
```

変数を宣言してから値を代入
する場合
```
                int a;
                a=10;
```

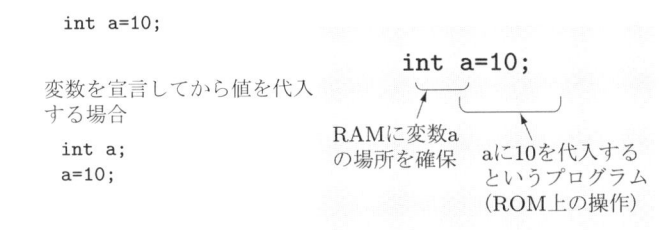

```
                int a=10;
```
RAMに変数a の場所を確保
aに10を代入する というプログラム （ROM上の操作）

図 2.19　初期値付き変数の宣言

おいて後でプログラムの中で初期値を代入する場合でも同じ動作になります．

図 2.19 に示すように，組込みマイコン用のプログラムでは，初期値付き変数の宣言は 1 行の中に RAM に対する操作と ROM に対する操作が混在してしまい，コンパイラでは正しく処理できません．今回取り上げている開発環境（HEW）では，オプションを付けることによって処理できるようになっていますが，組込みマイコンのプログラムでは，初期値付き変数は使用しない習慣を付けるのがよいでしょう．

パソコンの場合はプログラム部分も RAM 上に置かれるため，このような問題はおきません．

2.5　ポインタ変数

ポインタ変数というのは，普通の数値ではなくアドレスを扱う変数で，C 言語の大きな特徴の一つです．

使い方がやや難解ですが，マイコン用の C 言語では特定のアドレスを指定してデータを入出力する場面が多くあり，避けて通れない項目です．

この節では，ポインタ変数を使うときの注意点を説明します．

2.5.1　マイコンの内蔵機能を制御するレジスタ群

シングルチップマイコンを使いこなすポイントは，ハードウェアタイマなどの内蔵機能の制御ですが，第 4 章で説明するように，各内蔵機能はそれぞれ制御用のレジスタをもっていて，そのレジスタにはアドレスが与えられています．H8/3664F では，表 2.3 のように FF80 番地から配置されています．このようなアドレスをもったレジスタ群を自由に使う手段がポインタ変数です．

表 2.3 H8/3664F のレジスタアドレス一覧（一部分）

レジスタ名称	略称	ビット数	アドレス	モジュール	データバス幅	アクセスステート数
タイマモードレジスタ W	TMRW	8	H'FF80	タイマ W	8	2
タイマコントロールレジスタ W	TCRW	8	H'FF81	タイマ W	8	2
タイマインタラプトイネーブルレジスタ W	TIERW	8	H'FF82	タイマ W	8	2
タイマステータスレジスタ W	TSRW	8	H'FF83	タイマ W	8	2
タイマ I/O コントロールレジスタ 0	TIOR0	8	H'FF84	タイマ W	8	2
タイマ I/O コントロールレジスタ 1	TIOR1	8	H'FF85	タイマ W	8	2
タイマカウンタ	TCNT	16	H'FF86	タイマ W	16*1	2
ジェネラルレジスタ A	GRA	16	H'FF88	タイマ W	16*1	2
ジェネラルレジスタ B	GRB	16	H'FF8A	タイマ W	16*1	2
ジェネラルレジスタ C	GRC	16	H'FF8C	タイマ W	16*1	2
ジェネラルレジスタ D	GRD	16	H'FF8E	タイマ W	16*1	2
フラッシュメモリコントロールレジスタ 1	FLMCR1	8	H'FF90	ROM	8	2
フラッシュメモリコントロールレジスタ 2	FLMCR2	8	H'FF91	ROM	8	2
フラッシュメモリパワーコントロールレジスタ	FLPWCR	8	H'FF92	ROM	8	2
ブロック指定レジスタ 1	EBR1	8	H'FF93	ROM	8	2
フラッシュメモリイネーブルレジスタ	FENR	8	H'FF9B	ROM	8	2
タイマコントロールレジスタ V0	TCRV0	8	H'FFA0	タイマ V	8	3

2.5.2 特定のアドレスが指定できるポインタ変数

　高級言語では，ユーザはアドレスを意識しないのが普通で，使用している変数がどのアドレスに割り付けられているかは普通はわかりません．C 言語でも同様で，通常はアドレスを意識しなくてもプログラムを作成できますが，必要があればポインタ変数を利用して，特定のアドレスを指定することもできるようになっています．この機能を使うと，C 言語でマイコンの内蔵機能を自由に制御できます．

　ポインタ変数は，アドレスをもった主メモリやレジスタを自由に操作できるため，不用意にデータを書き換えてシステムの機能を損なわないように ANSI-C では厳格なルールが決められています．

　ポインタ変数はアドレス値を扱うものなので，int 型などの普通の数値は代入できません．さらに，普通の変数では，代入演算子 "=" の左辺と右辺は型が違っていても自動的に型が変換されますが，ポインタ変数では，左辺と右辺の型が厳密に一致していなければなりません．"厳密に" という意味は，ポインタ変数が扱っている変数

```
    char a,b;
    char *c;
    char *d;

        c = &a;
        d = c;      ← これは OK
```

(a) エラーにならない例

```
    char a;
    char *c;
    short *d;

        c = &a;
        d = c;      ← この行はエラーになる
```

(b) エラーになる例

図 2.20　ポインタ変数でエラーになる例（1）

```
    unsigned char *tmrw;

        tmrw = 0xff80;   ← この行がエラーになる
```

図 2.21　ポインタ変数でエラーになる例（2）

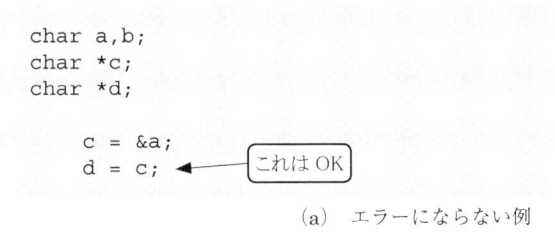

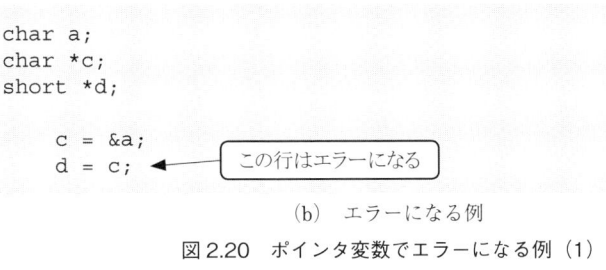

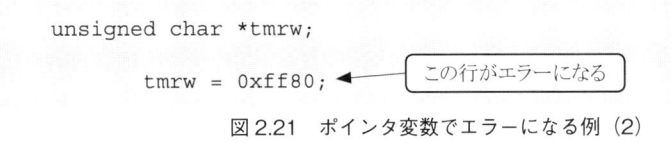

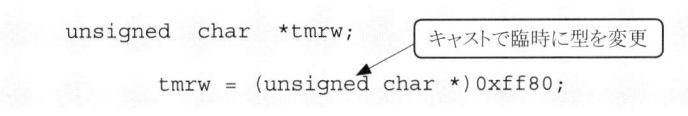

```
    unsigned  char  *tmrw;     ← キャストで臨時に型を変更

        tmrw = (unsigned char *)0xff80;
```

図 2.22　キャストによるアドレス値の代入

の型まで一致していなければならないということで，たとえば，int * 型と char * 型のポインタ変数は "=" で結ぶことができません．

図 2.20 はポインタ変数の代入でエラーになる例です．図（b）の例では，ポインタ変数 c と d が扱う変数の型が異なるため代入することができません．

図 2.21 はエラーになるもう一つの例です．実際に内蔵機能制御用のレジスタにアクセスするときは，まずハードウェアマニュアルで目的のレジスタのアドレス値を調べ，ポインタ変数を宣言してそこに具体的なアドレス値，たとえば 0xff80 を代入することになります．ところが，0xff80 は整数の数値なので int 型として扱われるため，"=" で結ぶことができません．そこで図 2.22 に示すように，臨時に型を変換するキャストという手法を用いる必要があります．

2.6 メモリ上の変数のイメージ

パソコン上のプログラムでは，変数を置く領域は OS が管理してくれるので気にする必要はありませんが，マイコン用のプログラムでは，ユーザが変数の動きを知っている方がよい場合が多くあります．この節では，2.1.1 項で説明したヘッダファイルで使われている構造体，共用体，ビットフィールド変数がメモリ上にどのように配置されているかを説明します．

2.6.1 変数宣言とスタックの使われ方

図 2.23 に示すように，auto 変数はスタック上に場所が確保されますが，メモリ上の位置は絶対アドレスではなく，スタックポインタからの相対アドレスで表現されます．アセンブリ言語でスタック内の変数を扱うときは，オフセット付きアドレッシングという手法を使うか，または絶対アドレスに換算する必要がありますが，C 言語ではこの操作はコンパイラが処理してくれます．

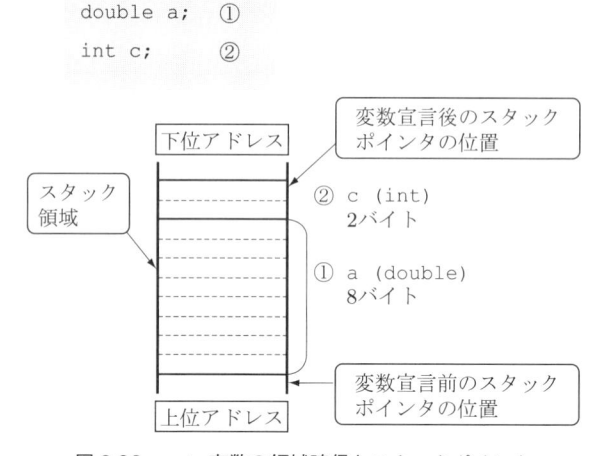

```
double a;   ①
int c;      ②
```

図 2.23 auto 変数の領域確保とスタックポインタ

2.6.2 特殊な変数とスタック

(1) 構造体

構造体（struct）は最初に変数の構造を示すタグを宣言し，その後でその構造を使

```
struct str{
        char c;  ①
        int i;   ②
        float f; ③
}a;
```

タグ名：str
変数名：a

下位アドレス

aはこの位置を表すポインタ

struct a

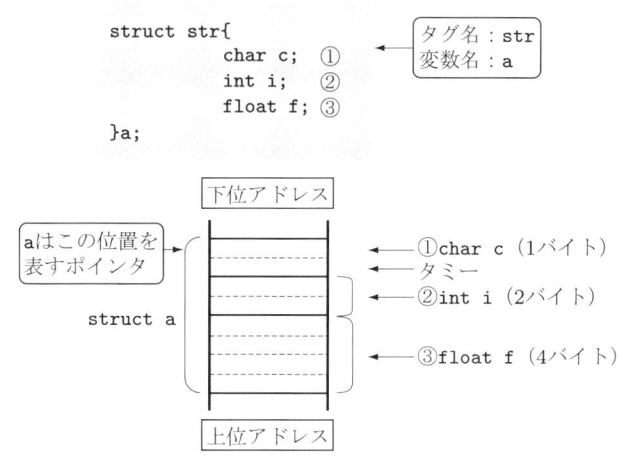

① char c (1バイト)
ダミー
② int i (2バイト)
③ float f (4バイト)

上位アドレス

図 2.24　構造体のメモリ上の配置

用する変数を宣言します．宣言された変数（図 2.24 では a）は，ポインタ変数になっていて，その構造体が置かれているアドレスを示しています．

図 2.24 に示すように，構造体では変数名が示すアドレスから定義された順番にメンバが配置されますが，char 型以外の変数は偶数番地（SH マイコンでは 4 の倍数）に置く必要があるため，図では最初の char 型の後に 1 番地分空きができています．

(2) 共用体

共用体（union）は構造体によく似ていますが，構造体のメンバがそれぞれ異なるアドレスに順番に配置されているのに対し，共用体はメンバがすべて同じアドレスに配置されます．宣言とメンバの参照方法は構造体と同じです．

見方を変えれば，メモリ上にある同一のデータを異なる型で扱うことができます．

図 2.25 の例では，u というポインタ変数の指しているアドレスのデータを 4 バイトの float 型でも扱えるし，四つの要素をもつ char 型の配列（1 × 4 = 4 バイト）でも扱えます．

16 ビットの I/O ポートをワードサイズで一括して扱う場合と，上位の 8 ビットと下位の 8 ビットに分けて扱う場合を使い分けたり，バイトサイズのレジスタを char 変数とつぎに説明するビットフィールド変数の共用体にして，1 バイト一括でも 1 ビットごとでも扱えるようにするなど，シングルチップマイコンでは大変有用な機能です．

(3) ビットフィールド変数

ビットフィールド変数は構造体の特殊な形です．コンピュータで扱うデータは，char 型の 1 バイト，short 型の 2 バイト，long 型の 4 バイトなど原則として 8 ビッ

```
union{
     float f;     ①
     char c[4];   ②
}u;
```

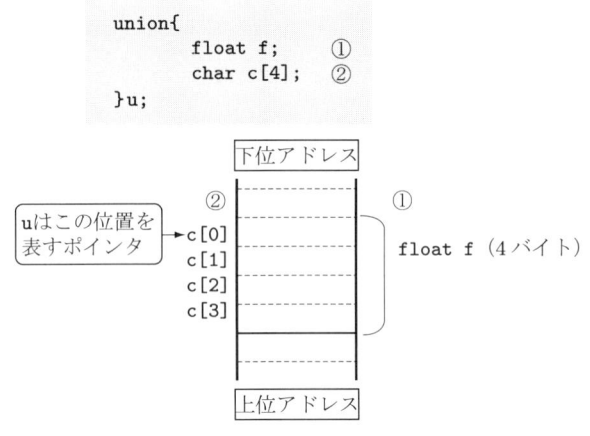

図 2.25 共用体のメモリ上の配置

トの倍数です.

　ビットフィールド変数は，バイト単位ではなく，ビット単位で変数を作ることができるのが特徴です．マイコンの内蔵機能用のレジスタの中には，内蔵機能の状態を示すフラグなど，ビット単位で意味をもつものが多数あります．ビットフィールド変数は，このようなビットを扱うのに便利です．

　図 2.26 では，1 バイト（8 ビット）の変数領域を上位 4 ビットと下位 4 ビットに分け，それぞれ "outdata"，"indata" というメンバ名を与えています．構造体と同じ宣言方法ですが，メンバ名の最後にコロンを書き，その後に変数のビット数を書きます．

　ただし，宣言した変数をどのようにビットに割り付けるか，具体的には最上位ビット（MSB）から割り付けるか，最下位ビット（LSB）から割り付けるかは ANSI 規格では規定されず，コンパイラごとに異なるので注意が必要です．

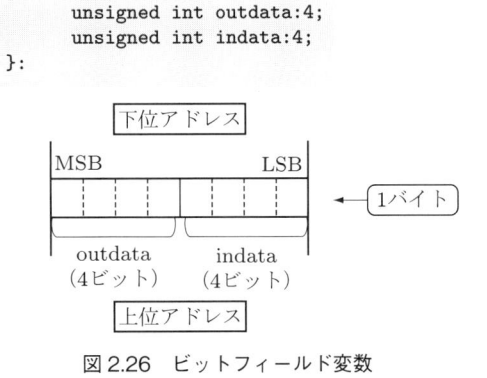

```
struct key{
     unsigned int outdata:4;
     unsigned int indata:4;
};
```

図 2.26 ビットフィールド変数

Column システム依存

ANSI-C 規格を見ていると，時々「システム依存」という言葉が出てきます．これは規格では規定しないので，コンパイラの仕様で決めなさいということです．

ビットフィールド変数を MSB から配置するか，LSB から配置するかは，システム依存になっています．つまり，ビットフィールド変数のビット配置はコンパイラごとに異なっているので，移植するときは注意する必要があることを意味しています．

2.6.3 ヘッダファイルはポインタ変数，構造体，共用体のかたまり

この章の最初で紹介したヘッダファイルは，ポインタ変数，構造体，共用体を巧みに組合せて，シングルチップマイコンの内蔵機能制御用レジスタを，あたかもハードウェアマニュアルに記載されているレジスタ名が付いた変数のように扱えるように工夫したものです．

ヘッダファイルを使った記述と実際のアクセスの関係は，図 2.27 のようになります．ヘッダファイルの中の #define 文で，"IO" という文字列は "(* (volatile struct st_io *) 0xFFD0)" に置き換えられますが，これは「FFD0 番地に置かれた st_io というタグ名の構造体」を意味します．この構造体は，内蔵機能制御用レジスタを機能別にまとめて一括して扱えるようにするためのものですが，具体的な内容は第 4 章で詳しく説明します．

```
IO.PCR8 = 0x01;              ← ヘッダファイルを使った記述

(*(volatile struct st_io *)0xFFD0).PCR8 = 0x01;   ← 実際にコンパイルされる文
```

「FFD0 番地に置かれた st_io という構造体の，PCR8 というメンバ」という意味

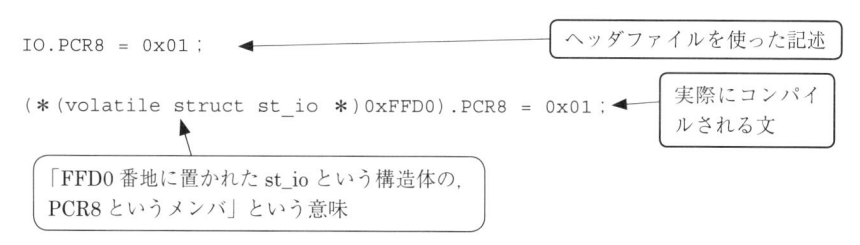

図 2.27　ヘッダファイルによる記述はコンパイル前に自動的に書き換えられる

> ### 浮動小数点の取扱い
>
> 　機器の制御を目的とするシングルチップマイコンでは，浮動小数点数（小数点が付いた実数）を扱うことはほとんどありませんが，データ処理まで考えると，本来は 2 進数の整数しか扱えないコンピュータで浮動小数点数を扱う必要がある場面も多くあります．そこで，2 進数で浮動小数点数を扱う手法がいくつか工夫されました．
>
> 　代表的なものが IEEE の方法と呼ばれる手法で，図 2.28 に示すように，浮動小数点付きの実数を指数表示で考え，仮数，指数をともに 2 の n 乗の形で表します．ただし，この変換はコンパイラがやってくれるので，ユーザは意識する必要はありません．
>
> 　浮動小数点の演算は実数を 2 の n 乗の形に変換して，仮数，指数をそれぞれ整数演算した後に，結果をまた実数に再変換するという操作が必要なため，時間がかかります．
>
> 　高速マイコンに内蔵されている FPU というハードウェアは，この演算をソフトウェアではなくハードウェアで行うもので，実数の演算を高速に行うことができます．
>
> $$\pm (1.[仮数部])_2 \times 2^{[指数部-127]}$$
>
> この式の仮数部と指数部を 2 進数データで扱う
>
> **図 2.28　IEEE の方法による浮動小数点数表示**

　この章では，シングルチップマイコンを使いこなすのに必要な知識を中心に C 言語の要点を説明しました．パソコン用のプログラムではほとんど使われない機能がいくつか登場しましたが，基本的には ANSI-C でマイコンのプログラムが作れることが理解していただけたと思います．さらに詳しい使い方と ANSI-C がカバーしていない部分の対策方法については第 4 章以降で説明します．

第3章 プログラム開発環境と演習機材

　マイコン関係の技術を習得するには，自分が作ったプログラムを実機で動かしてみると大きな効果があります．実機演習には，マイコンを搭載したCPUボードと，制御対象のスイッチやLEDを搭載した周辺回路のほかに，Cコンパイラとデバッグツールが必要です．

　機器メーカーの設計・開発でも使用されているエミュレータという本格的なデバッグシステムが安価に入手できるようになったので，本書ではそのエミュレータを使うことを前提に演習の説明をします．

　この章では上記の各種開発ツールについて説明します．

3.1　コンパイラとリンカ

　現在では，組込みマイコン用のプログラムはパソコン上で開発するのが常識になっています．そのためのツールがパソコン用のソフトウェアの形で用意されていて，ソースファイルを作成するところからプログラムのデバッグまで，作業はパソコン上で進めることができます．

　この節では，C言語で書かれたプログラム（ソースファイルと呼びます）をマイコン上で実行可能な機械語に変換するコンパイラとリンカについて説明します．

3.1.1 マイコン用プログラムの開発手順

まず，プログラムの作成から実機で動かすまでの手順を図 3.1 を使って説明します．

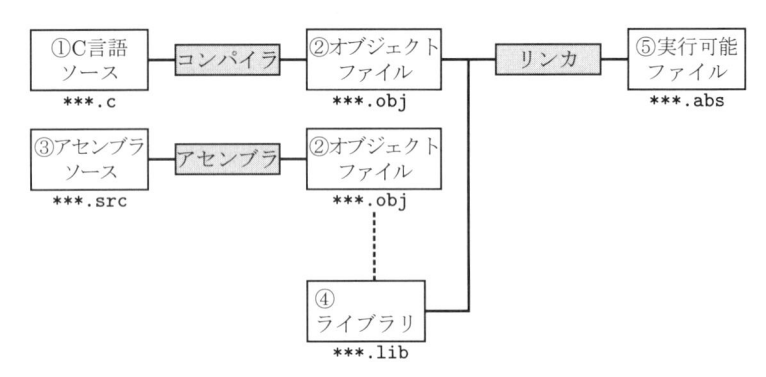

```
①C言語      コンパイラ    ②オブジェクト              ⑤実行可能
  ソース                    ファイル       リンカ       ファイル
  ***.c                    ***.obj                    ***.abs

③アセンブラ  アセンブラ   ②オブジェクト
  ソース                    ファイル
  ***.src                  ***.obj

                           ④
                         ライブラリ
                          ***.lib
```

図 3.1　プログラム作成の流れ

① 最初にテキストエディタを使って C 言語のソースファイルを書きます．このファイルの拡張子は「.c」にします．

② ソースファイルを C 言語用の「コンパイラ」に入力すると，コンパイラは機械語に翻訳（変換）してオブジェクトファイルを出力します．拡張子は「.obj」です．

③ アセンブリ言語でプログラムを書いた場合はコンパイラではなく「アセンブラ」で翻訳しますが，出力ファイルはやはりオブジェクトファイルで，C 言語から作られたオブジェクトファイルと同じ性質のものです．ソースファイルの拡張子は「.src」です．

④ ライブラリというのは，よく使うサブルーチンをオブジェクトファイルの形でまとめてあるものです．C 言語の標準ライブラリ関数，割り算やビットフィールド変数の処理手順などをまとめた標準ライブラリが用意されていますが，ユーザが作ることもできます．拡張子は「.lib」です．

⑤ 「リンカ」は複数のオブジェクトファイルとライブラリを連結し，関数呼び出しや extern 変数など，ファイル間にまたがる参照（呼び出し）を対応させてプログラムを完成させます．リンカから出力されるのは，マイコンの ROM に書き込むとそのまま実行可能な機械語のファイルで，拡張子は「.abs」です．パソコンの「***.exe」ファイルに相当します．

ここまでの作業はパソコン上で行います．

3.1.2 コンパイラの役割

Cコンパイラは第2章で説明したとおり，C言語のソースファイルを機械語に変換する役割をもっています．実際には図3.2のように，いったんアセンブリ言語のソースファイルに変換し，さらに内蔵したアセンブラで機械語に変換しているものが多いようです．途中段階のアセンブリ言語の部分は，コンパイラから出力されるリストファイルで見ることができます．

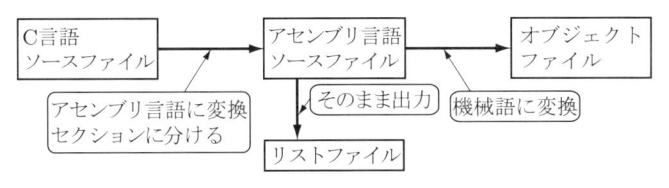

図3.2 コンパイラの動作

コンパイラからはプログラム部分，定数部分，変数部分などに分けてオブジェクトファイルに出力されますが，それぞれのグループをセクションと呼び，それぞれ名前が付けられています．

図3.3に，ルネサステクノロジ製コンパイラの出力の構成を示します．

コンパイルした結果には，四種類のセクションが生成されます．ユーザの指定がない場合はプログラム領域はPセクション，定数領域はCセクション，static変数と

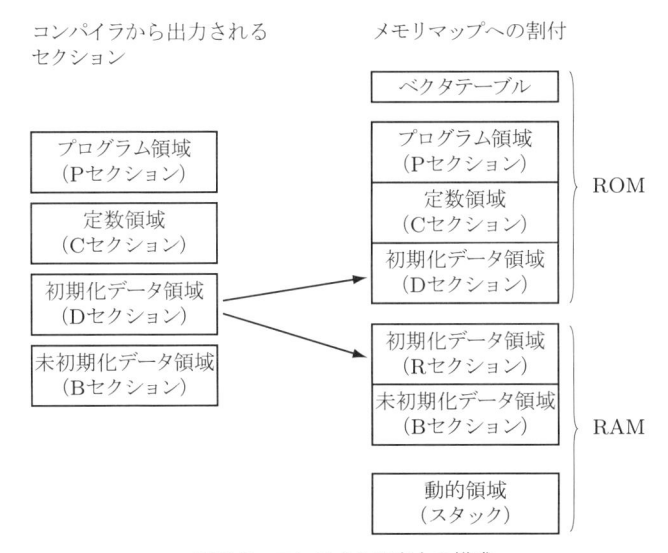

図3.3 コンパイラの出力の構成

global 変数が置かれる変数領域は B セクションとして出力されます（P，C，B は大文字）．それぞれのセクションを，次項で説明するリンカの機能でアドレスを指定してメモリ上に配置します．図 3.3 の左側がコンパイラから出力されるセクション，右側がマイコンのメモリ上に割り付けられた様子です．固定データの P セクションと C セクションは ROM に，プログラムの進行に従って書き換えが発生する B セクションは RAM 上に割り付けられています．なお，かならず四種類のセクションが発生するわけではなく，不要なセクションは省略されます．たとえば，global 変数も static 変数も宣言されていない場合は B セクションは出力されません．

2.3.3 項でも触れましたが，注意しなければならないのは初期値付きの変数を宣言したときに生成される D セクションです．初期値付き変数は，初期値の部分はプログラム実行前に与える固定されたデータですから，ROM に書き込んでおかなければいけません．一方，プログラム実行中は変数ですから書き換えが必要で，RAM エリアになければいけません．したがって，初期値付き変数は，ROM と RAM 両方の領域に配置する必要があります．また，プログラム実行に先立って ROM 領域の初期値を RAM 領域にある変数にコピーする操作が必要です．

上記の操作をするために，リンカに ROM 化支援オプションが用意されていますが，初期値付き変数を使用しない場合はこのオプションを設定するとエラーになってしまいます．混乱を防ぐために，どうしても必要という場合を除き初期値付き変数は使用しないという習慣を付けた方がよいでしょう．

第 2 章でも触れましたが，組込みマイコンの C 言語は完全には ANSI 規格に従っていません．そのため本書では，一部ルネサステクノロジ製のコンパイラとリンカを前提にした解説が入っています．上記のセクション名の付け方のほかに，最初に実行する関数の指定の仕方，割込処理関数の指定の仕方，初期値付き変数の扱いなどが異なるので，他のツールを使用する場合は，各ツールの仕様に注意してください．

Column「コンパイルしてみたら，あれっ！ 空っぽ？」——最適化の話

　C 言語でプログラムを作成すると，同じ機能のプログラムをアセンブリ言語で作成したものに対して，プログラムサイズが機械語のレベルで 50 ～ 100％大きくなるといわれています．その分，処理速度も低下します．
　そこで，コンパイラには最適化という機能が用意されていて，いろいろな手段でサイズの増加と処理速度の低下を軽減しています．
　図 3.4 の二つのプログラムはよく似ていますが，変数の宣言のしかたが違います．
　図（b）のプログラムを最適化の機能付きでコンパイルすると思いがけない結果になります．コンパイラからオブジェクトファイルとともに出力されるリス

```
int a2, a3;
int data;

void main(void)
{
    data= 2;

    a2= data*2;
    a3= data*3;
}
```

（a）期待どおりコンパイルされる例

```
void main(void)
{
    int a2, a3;
    int data;

    data= 2;

    a2= data*2;
    a3=data*3;
}
```

これらの変数は使われることがないので，数値を代入しても無駄と判断する

（b）予想外の結果になる例

図3.4　最適化の影響

トファイルで，変換の中間段階であるアセンブリ言語を見ることができますが，アセンブリ言語レベルのコンパイル結果を見ると，何もない空っぽのプログラムです．これは変数宣言が内部変数のため main 関数以外で使われることはないのに，変数 a2, a3 は数値代入後使われていないので，コンパイラの最適化機能がこの行は不要と判断したためです．このように，コンパイラはソースファイルの構文を解析して，不要な部分は切り捨ててしまいます．

一方，図（a）のプログラムでは，変数宣言が global 変数で，ほかのプログラムでも使われる可能性があるため，省略されることはありません．

シングルチップマイコンでは，各種の内蔵機能を制御用のレジスタにデータを書き込むことで使っていきます．この場合のプログラムは，レジスタに数値を書き込むことが目的で，書き込んだデータを後で参照することはあまりありません．したがって，上記のような最適化が行われると，レジスタに書き込むだけの行が削除されてしまうので，この操作を防ぐために ANSI 規格では volatile という接頭語が用意されています．変数宣言のときに volatile 属性を付けると，最適化の対象から外されることになっています．

最適化は，これだけではなく大変多くの機能がありますが，マイコンの使い勝手と性能に直結するため，各マイコンメーカーのノウハウのかたまりになっていて，内容は公開されていません．いまのところリストファイルを見て推定するしかありません．

3.1.3 リンカの役割

Cコンパイラ，アセンブラから出力されたオブジェクトファイルは機械語のプログラムになっていますが，このままではマイコン上で実行することはできません．それは，変数や関数の呼び出し先などがアドレスではなく，ラベルという一種の変数の形になっているからです．

そこで，複数のオブジェクトファイルとライブラリをリンカに入力すると，リンカは最初に図3.5に示すように，ファイル間の関数呼び出しや，他のファイルのglobal変数を参照するextern変数の宣言などを関連づけます．この段階では，まだ関数や変数の絶対アドレスが決まっていないので，ラベルを使って関連づけが行われています．

次にリンカは，図3.6に示すように，入力された複数のファイルに含まれる同じ名称のセクションをメモリ上の指定されたアドレスから隙間なく配置します．

パソコン上で実行するプログラムはすべてRAM上に配置され，メモリのアドレスはOSが管理するため，ユーザはアドレスを気にする必要はありません．しかし，ROM上にプログラムを書き込む組込みマイコンでは，各セクションのアドレスは使用するマイコンの仕様に合うようにユーザが決めて，リンカに指示する必要があります．

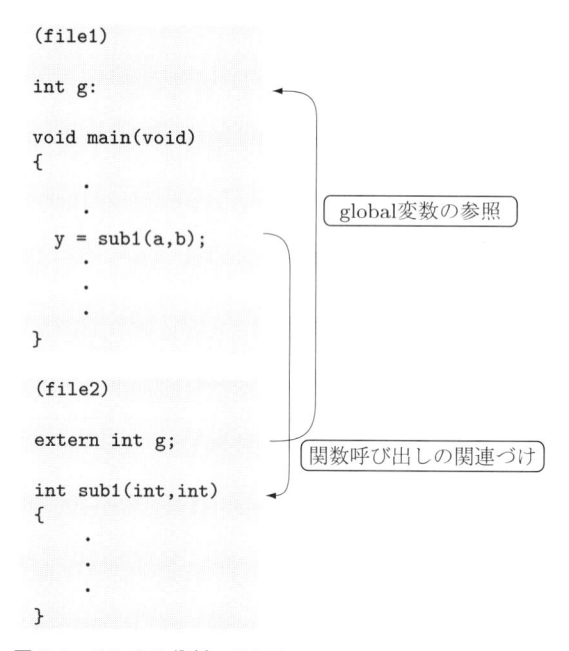

```
(file1)

int g:

void main(void)
{
    .
    .
    .
  y = sub1(a,b);
    .
    .
    .
}

(file2)

extern int g;

int sub1(int,int)
{
    .
    .
    .
}
```

図3.5　リンカの役割　その1
　　　　ファイル間の参照や呼び出しを解析して結びつける

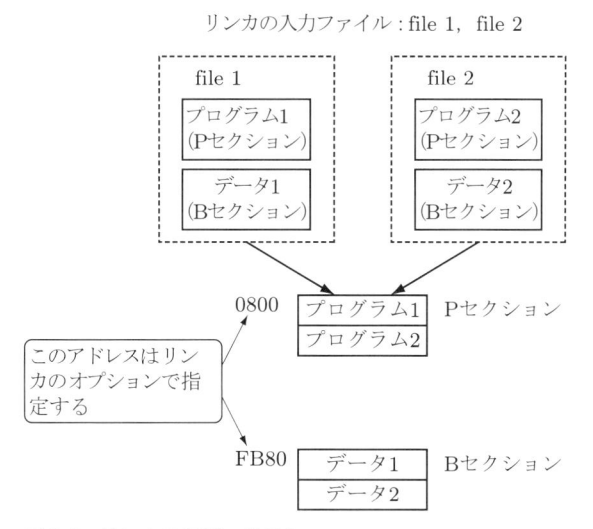

リンカの入力ファイル：file 1，file 2

```
┌─ file 1 ──────┐   ┌─ file 2 ──────┐
│ ┌───────────┐ │   │ ┌───────────┐ │
│ │ プログラム1 │ │   │ │ プログラム2 │ │
│ │ (Pセクション)│ │   │ │ (Pセクション)│ │
│ └───────────┘ │   │ └───────────┘ │
│ ┌───────────┐ │   │ ┌───────────┐ │
│ │ データ1    │ │   │ │ データ2    │ │
│ │ (Bセクション)│ │   │ │ (Bセクション)│ │
│ └───────────┘ │   │ └───────────┘ │
└───────────────┘   └───────────────┘
```

         0800 ┌─────────┐
               │プログラム1│ Pセクション
               ├─────────┤
               │プログラム2│
               └─────────┘

このアドレスはリンカのオプションで指定する

         FB80 ┌─────────┐
               │ データ1 │ Bセクション
               ├─────────┤
               │ データ2 │
               └─────────┘

図 3.6　リンカの役割　その 2
　　　　各セクションにアドレスを与えて隙間なく並べる

　プログラム本体のPセクションとベクタテーブル，定数のCセクションはROM領域に，global変数とstatic変数のBセクションはRAM領域に割り付けますが，スタックはスタックポインタを基準にして使われますので，リンカでは配置できません．第8章で説明するように，スタックポインタに初期値を与える必要があります．

　図3.6のように，各セクションが配置されるアドレスが決まると，セクション内の関数や変数のアドレスが決まります．そこで，さきほどラベルの形で関連づけておいた関数呼び出しや，変数の参照などを絶対番地に変換して実行可能なプログラムが完成します．

3.2　エミュレータ

　デバッグ作業では，ROMに書き込んだプログラムが動くか動かないかだけの判断をするだけでは，動かなかった場合にどこを直せばよいのかわからず，大変能率が悪い作業になります．能率よくデバッグ作業を進めるためには，プログラムを動作させるマイコンのシステムをパソコンと接続し，パソコンの画面上でプログラムを制御しながら動作させ，不具合がある部分を見つけだす手段が必須です．

　この節では，エミュレータというデバッグのためのツールについて説明します．

3.2.1 デバッグの方法

　実際の回路基板上で，マイコンの外部に接続した回路を動作させながらデバッグが行える仕組みがインサーキットエミュレータです．頭文字を取ってICEまたは単にエミュレータと呼んでいます．

　デバッグのシステムには，プログラムを自由に実行，停止させる機能，あるいは指定した行まで実行したら停止させるブレークポイントの機能，1行ずつ実行してみるステップ実行の機能，プログラムが停止したときに汎用レジスタの値や主メモリの値を読みとって表示する機能，などが要求されます．

3.2.2 エミュレータのはたらき

　マイコンをシステムに組み込んだ状態でデバッグ作業を行うためには，プログラムを修正したりブレークポイントの位置を書き込んだりするために，プログラムの任意の場所を素早く書き換えられる仕組みが必要です．書き換えの仕組み，動作中のデータ収集の仕組みから，大きく分けてつぎのような三通りの方法が用いられています．

(1) フルスペックエミュレータ

　この方式は，図3.7に示すようにシステム上のマイコンの代わりにソケットを装着し，そこからエミュレータ本体内のエバリュエーションチップと呼ばれる特殊なマ

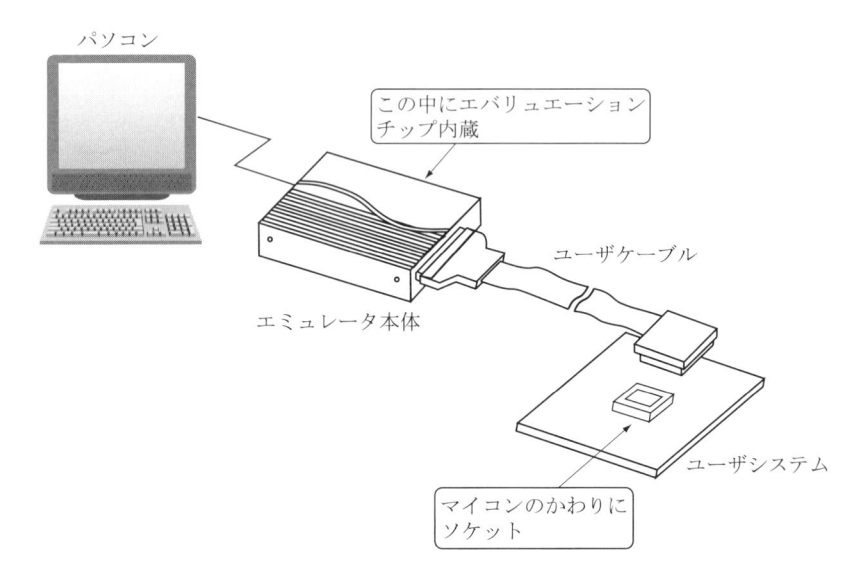

図3.7　フルスペックエミュレータ

イコンまでケーブルを引いてデバッグを行います．特徴は，プログラムを実行中にも各種データを収集できることですが，高価なこととマイコンの動作周波数が最高で 30 MHz 程度に制限されてしまうという欠点があります．

(2) **オンチップデバッガ**（ROM 書き換え型のエミュレータ）

マイコン自身が各種情報を収集してエミュレータからの要求で送信する機能を実際に使用するマイコン内に組み込んであり，回路の動作を乱さないという特徴があります．ただし，どのマイコンでも使えるわけではなく，この機能が組み込まれている特定のマイコンに限られます．ROM を書き換えながらデバッグを行うので，フラッシュ ROM であることが必要です．

本書で取り上げている E8 エミュレータはこの方式です．

(3) **ROM の代わりに RAM を使用するデバッガ**

本来は 0 番地からの ROM に書き込まれるユーザのベクタテーブルとプログラムを別のアドレスの RAM 上に書き，ROM 上におかれたモニタデバッガという制御ソフトで制御しながら実行する方式です．

一番安価な方法ですが，デバッガの機能が限られてしまう，RAM の容量で実行できるプログラムのサイズが制限される，などの欠点があります．また，本来のアドレスと異なるアドレスで実行しながらデバッグするため，パソコンから切り離して動作させるときはリンクをやり直して ROM に書き込む作業が必要になります．

付録で紹介する秋月電子のマイコンボードはこの方式です．

3.2.3　ルネサステクノロジ製 E8 エミュレータ

図 3.8 は，マイコンを組み込んだ製品を製造している機器メーカーでも使っている本格的なエミュレータです．オンチップデバッガの方式なので，対象が特定のマイコンに限られ，また，回路基板上にパソコンと接続するための専用のコネクタを設ける必要がありますが，効率のよいデバッグができます．詳しい使い方は付録を参照してください．

このタイプのエミュレータは，フラッシュ ROM を書き換えながらデバッグを行うので，フラッシュ ROM の書き換え可能回数には注意が必要です．H8/3664F の場合，保証されている書き換え回数は 1 000 回ですが，これは最悪の条件が重なった場合で，非公式に聞いた話では，普通に使っている場合は 1 万回以上の書き替えが可能とのことです．

54　第3章　プログラム開発環境と演習機材

E8
エミュレータ

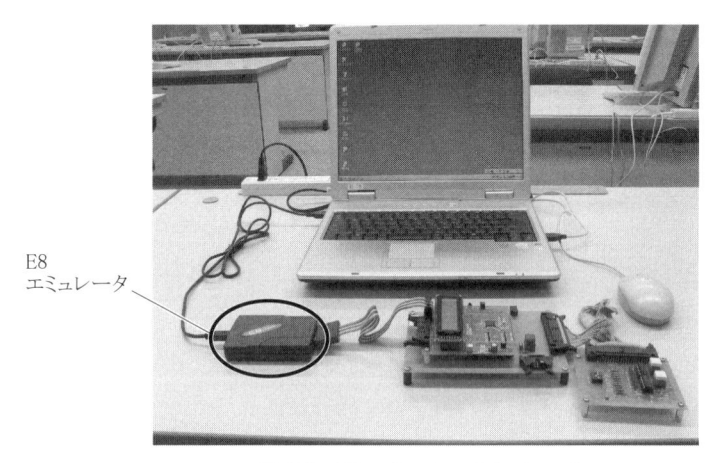

図 3.8　E8 エミュレータとパソコン

3.3　マイコンボード

　安価に入手できるマイコンボードはいくつかありますが，本書では E8 エミュレータを使用することを前提に，北斗電子の HSB シリーズから図 3.9 の H8/3664F ボードを選びました．

　この節では，演習用のマイコンボードと外付け回路を紹介します．

H8/3664Fマイコン

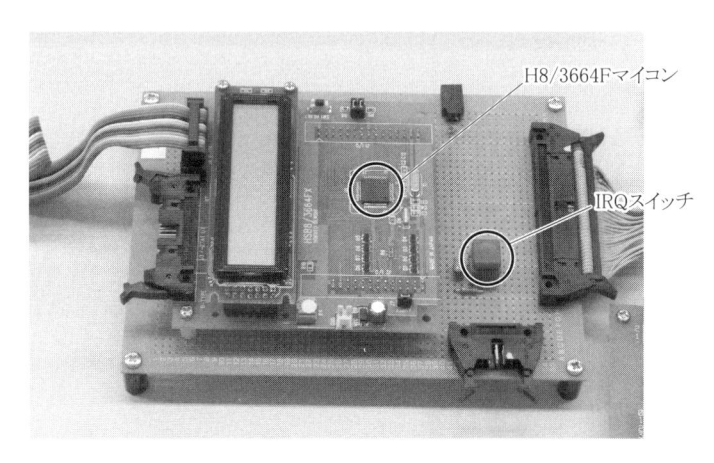

IRQスイッチ

図 3.9　マザーボード上のマイコンボード

3.3.1 北斗電子 HSB シリーズ

HSB シリーズでは，CPU は各種用意されていますが，H8/3048F などの多機能マイコンは，E8 エミュレータのインターフェイスを内蔵していません．機能がやや少なくなりますが，ローコストシリーズの H8/300H TIny を使う必要があり，H8/3664F を選びました．

E8 エミュレータが使えるので，C 言語のソースレベルデバッグ（C 言語のソースファイルを見ながらデバッグすること）が可能になります．また，このシリーズは，16 文字 × 2 行の液晶表示器を装備しています．液晶表示器を使うための関数を巻末の付録に載せておきましたので参考にしてください．

筆者は実験がしやすいように，図 3.9 のようなマザーボードを作って，各端子をまとめて取り出して使用しています．また，割込用のスイッチも設けてあります．

図 3.9 のマザーボードと，後で出てくる演習用の基板では，誤挿入を避けるためにロック付きのコネクタを使用していますが，安価なピンヘッダで十分です．

3.3.2 演習用 CPU；H8/3664F

本書の演習で使用しているマイコンは，ルネサステクノロジ製の H8/3664F です．基本性能は高いのですがコスト削減のために内蔵機能は制限されています．表 3.1 に主な内蔵機能を示します．

内蔵 ROM は電気的に書き換えが可能なフラッシュ ROM で，サイズは 32 kB です．RAM は 2 kB 内蔵されていますが，E8 エミュレータでフラッシュ ROM を書き換えるときにバッファとして 1 kB 使用するため，ユーザのプログラムは残りの 1 kB しか使用できません．

表 3.1　H8/3664F の主な内蔵機能

名　称	機　能	備　考
CPU		H8/300H コア
ROM	プログラム格納	フラッシュ ROM32 kB
RAM	変数領域	2 kB（ユーザ領域 1 kB）
外部バス	使用不可	
I/O ポート	並列信号の入出力	6 本 37 ビット
ハードウェアタイマ	時間に関する各種機能	四種類 4 本
A/D 変換器	アナログ入力	10 ビット
直列通信ポート	直列信号の入出力	1 チャネル

内部バスは 16 ビットで，アドレス空間は 0000 ～ FFFF の 64 kB です．使われていないアドレスがありますが，外部にバスが取り出されていないため，メモリの増設はできません．

その他の内蔵機能については第 4 ～ 6 章で詳しく説明します．

3.3.3　I/O 演習ボード

図 3.10 は，標準的な I/O ポートに接続して演習するために製作したボードです．本書の演習にたびたび登場します．

8 個の赤色 LED，4 ビット DIP スイッチ，2 個のプッシュスイッチ，2 個の黄色 LED を搭載し，全部で 16 ビットのポートが必要です．既製品ではないので自分で製作してください．

使用する電子部品は付録で紹介する秋葉原の部品店で入手することができます．

写真のボードは，図 3.9 のマザーボードとフラットケーブルで接続して使用できるように，40 ピンのコネクタに配線されています．

図 3.11 に部品配置を示します．これらの部品を表 3.2 のように H8/3664F のポート 5，7，8 に接続しています．表中で P57 とあるのは，ポート 5 のビット 7 を表します．

図 3.12 はボード上の LED とスイッチのための回路図で，次の部品が組み込まれています．

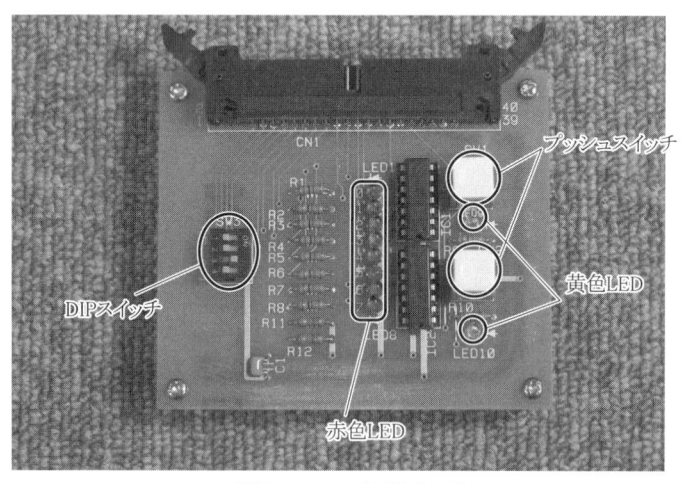

図 3.10　I/O 演習ボード

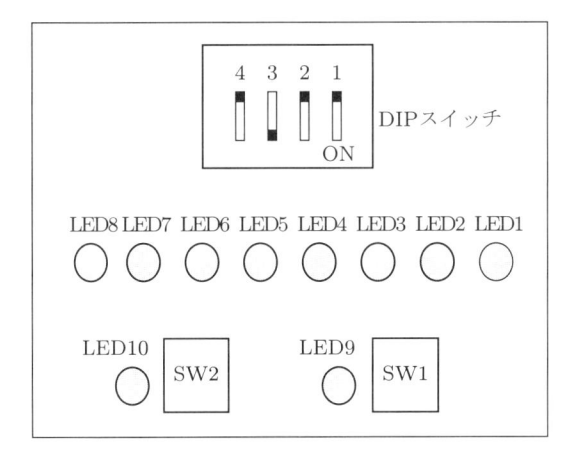

図 3.11 I/O 演習ボードの部品配置

表 3.2 I/O 演習ボードの端子割り当て

H8/3664F		I/O ボード		入出力	論 理
ポート 5	P57	LED8		出力	1/0 = 点灯 / 消灯
	P56	LED7			
	P55	LED6			
	P54	LED5			
	P53	LED4			
	P52	LED3			
	P51	LED2			
	P50	LED1			
ポート 7, 8	P84	LED10		出力	1/0 = 点灯 / 消灯
	P76	SW2		入力	ON/OFF = 0/1
	P75	LED9		出力	1/0 = 点灯 / 消灯
	P74	SW1		入力	ON/OFF = 0/1
	P83	DS1	4	入力	ON/OFF = 0/1
	P82		3		
	P81		2		
	P80		1		

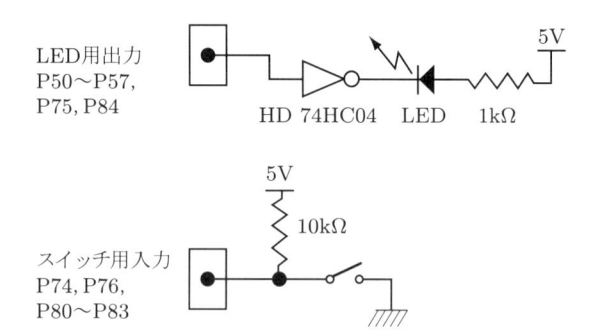

[図: LED用出力 P50〜P57, P75, P84 — HD 74HC04 — LED — 1kΩ — 5V / スイッチ用入力 P74, P76, P80〜P83 — 10kΩ — 5V]

マザーボードの 40 ピンコネクタにケーブルで接続して使用するように作ってあります

図 3.12　I/O 演習ボードの回路図

(1) 出力表示 LED

赤色の LED がポート 5 に接続されていて，各ビットの出力データが表示されます．データが 1 の場合に点灯，0 の場合に消灯するように作ってあります．なお，接続したポートが入力に設定されている場合は，バッファの論理回路の入力が不定になり，多くの場合 LED は点灯します．マイコンが起動したときは各ポートは入力状態になるので，電源を入れた直後はポートの入出力状態と初期値が設定されるまでは（このような作業をイニシャライズと呼びます）全ビットが点灯しています．

(2) 入力データ設定用 DIP スイッチ

ポート 8 の下位 4 ビットに接続されていて，入力データを与えます．必要なデータはポート 8 の下位 4 ビットだけのため，不要なビットを 0 にするために 0x0f（ビット並びは 0 0 0 0 1 1 1 1）というデータと論理和をとる必要があります．このような操作をマスクと呼びます．

(3) 制御用プッシュスイッチ

プログラムの制御などに用いるためのプッシュスイッチが，ポート 7 のビット 4, 6 に接続されています．通常は 1（high），スイッチを押している間だけ 0（low）のデータを与えます．

そのほかに，ポート 7 のビット 5 とポート 8 のビット 4 には LED（黄色）が接続されていて，プログラムの状態の表示などに用いることができます．このように，各ビットがそれぞれの役割をもっているため，入出力状態の設定はビットごとに行う必要があります．

使用するポートが分散していますが，ポート 8 の上位 3 ビットがエミュレータのインターフェイスに使われていて，8 ビット連続して使用できないためです．

本書では，このほかにも演習問題の中でいくつか回路が登場しますが，簡単なものなので，それぞれ回路図に従って製作してください．

> **コラム　なぜプルアップ？**
>
> 　この I/O 演習ボードでは，スイッチは ON にすると 0（low）のデータを与えています．スイッチが OFF のときは端子が開放になってデータが決まらないので，10 kΩ の抵抗で電源に接続し，スイッチが OFF のときには 1（high）のデータを与えるようにしています．この抵抗のことを電源電圧に引っ張り上げるのでプルアップ抵抗と呼びます．また，このような定義を負論理と呼び，信号名の上にバーを付けて表します．
>
> 　スイッチを ON にしたら 1 のデータを与える方が考えやすいと思われるかもしれませんが，論理回路の設計では多くの場合スイッチは ON で 0 を与えるように設計します．たとえば，マイコンに割込信号を与える IRQ 端子は $\overline{\mathrm{IRQ}}$ になっていて負論理です．
>
> 　現在，論理回路は CMOS 素子で作られるのが普通ですが，以前はバイポーラトランジスタを使った TTL（transistor transistor logic）という素子が使われていました．詳しい話は電子回路の教科書にゆずりますが，TTL ではスイッチは負論理でないと安定に動作しなかったため，それが習慣になって定着したものです．あと何年か経つと正論理の方が主流になるかもしれません．

3.4　統合開発環境

　本書で取り上げている H8/3664F の製造元であるルネサステクノロジが，コンパイラ，リンカを含む統合開発環境（HEW）を用意していて，無償で入手することができます．

　この節では，HEW の概要を紹介します．

3.4.1　ルネサステクノロジ製統合開発環境；HEW

　HEW はコンパイラ，アセンブラ，リンカのほかにソースファイルを書くためのエディタ，デバッグ用のインターフェイスを統合したソフトウェアで，一度起動すれば組込みマイコン用ソフトウェア開発のすべての作業をこなせるように作られたツールです．

　本来は業務用に作られたものですが，コンパイラを含んだ無償評価版が公開されているので，マイコンの学習用にも使えます．機能は製品版と同じです．使用できる日

数が限定されていて，期限を過ぎると扱えるプログラムサイズが制限されますが，個人が勉強のために使用する分には全く支障はありません（入手方法は巻末の付録参照）．

3.4.2 主な機能

表 3.3 に HEW の主な機能を示します．

HEW には大変多くの機能が組み込まれていますが，学習用としては不要な部分も多いので，本書では基本的な部分に絞って使用方法を解説しています．

表 3.3　HEW の主な機能

作業項目	機　能
ソースプログラム作成	日本語エディタ
変換	アセンブラ
	C/C++ コンパイラ
リンク	リンカ
開発支援	ヘッダファイル自動生成
	スタック見積もり支援
デバッグ	エミュレータインターフェイス
	ROM ライタ機能

3.4.3 E8 エミュレータとの連携

HEW はプログラムを作成するだけでなく，デバッグ作業もできます．詳しい使い方は巻末の付録に載せましたが，E8 エミュレータの全機能が HEW の画面上で使えます．

ただし，E8 エミュレータ用のインターフェイスプログラムをパソコンに別途組み込む必要があります．エミュレータを購入したときに付属してきますが，ルネサステクノロジのホームページからダウンロードすることもできます．

図 3.13 に，E8 エミュレータを接続してデバッグをしているときの HEW の作業画面を示します．ソースプログラム，リンクの対象になる各ファイル，CPU 内のレジスタ，内蔵機能制御用レジスタが一つの画面に表示されています．

図 3.13 HEW のデバッグ時の画面

この章では，C言語でプログラムを作成して，実機上で動作させ，デバッグするまでのツールと手順を説明しました．

いよいよ次章からは，外部に接続した機器をシングルチップマイコンで制御するための実際の使い方を説明します．

第4章 I/Oポート

　シングルチップマイコンを組込みマイコンとして使いこなすためには，マイコンの内蔵機能の働きを知る必要があります．マイコンに接続した機器や回路を制御するために各種の内蔵機能が用意されていますが，それぞれの使い方はマイコンのハードウェアマニュアルに記載されています．

　各内蔵機能には機能の制御と入出力のためのレジスタが用意されていて，C言語で内蔵機能を使うためには，それらのレジスタを対象にC言語のプログラムでデータを読み書きすることになります．

　第4～6章では代表的な内蔵機能について説明しますが，この章では，マイコンが外部回路に対して入出力を行う仕組みである「I/Oポート」の機能と使い方を説明します．

4.1　各種の内蔵機能

　図4.1に示すように，シングルチップマイコンは，ROM・RAMのほかに各種の内蔵機能をもっているのが普通です．代表的なものに，外部回路とデータをやりとりするI/Oポート（パラレルインターフェイス），一定時間間隔を作ったりPWM信号を発生するハードウェアタイマ（ディジタルカウンタ），センサなどのアナログ信号を入力するA/D変換器があります．

　この節では，各種内蔵機能を使用するのに必要な，共通の手法について説明します．

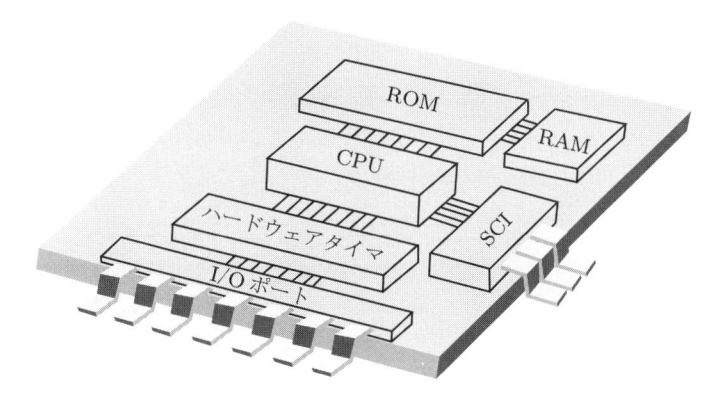

図 4.1　シングルチップマイコンの内部構成

4.1.1　ハードウェアマニュアル

シングルチップマイコンに内蔵される機能と使い方は，メーカーごと，機種ごとに異なるので，使用目的にあったマイコンを選定する必要があります．各機能の詳細はメーカー発行のハードウェアマニュアルに解説されています．

本書では，第3章の演習機材のところで紹介したH8/3664Fを例に取って説明しますが，I/Oポートやタイマの動作の仕組みはどのマイコンでも共通と考えてよいでしょう．

H8/3664Fは，端子数を節約したローコストマイコンで，6本（合計37ビット）のI/Oポート，1本の直列通信ポート，四種類4本のハードウェアタイマ，1チャネルのA/D変換器をもっています．代表的な高機能マイコンのSH7145Fでは，6本（合計106ビット）のI/Oポート，2本の直列通信ポート，三種類8本のハードウェアタイマ，2チャネルのA/D変換器をもっています．

図 4.2～4.5はハードウェアマニュアルの一部分です．

H8/3664Fのハードウェアマニュアルは図4.2のような構成になっていますが，たとえばこの中の第12章「タイマW」を見ると，最初にタイマの機能の説明があり（図4.3），つぎに「レジスタの説明」という節に各種レジスタの説明が載っています（図4.4，4.5）．

タイマWを使うときには，ここで説明されている内容を読んで各レジスタの機能と使い方を知る必要があります．実際の使い方は第5章で説明します．

第 4 章 I/O ポート

図 4.2　ハードウェアマニュアルのしおり

項目		カウンタ	入出力端子			
			FTIOA	FTIOB	FTIOC	FTIOD
カウントクロック		内部クロック：φ、φ/2、φ/4、φ/8 外部クロック：FTCI				
ジェネラルレジスタ （アウトプットコンペア／ インプットキャプチャ兼用 レジスタ）		周期設定は GRA	GRA	GRB	GRC バッファ動作時 GRA のバッファ レジスタ	GRD バッファ動作時 GRB のバッファ レジスタ
カウンタクリア機能		GRA の コンペアマッチ	GRA の コンペアマッチ	−	−	−
出力初期値設定機能		−	○	○	○	○
バッファ動作		−	○	○	−	−
コンペア マッチ出力	0 出力	−	○	○	○	○
	1 出力	−	○	○	○	○
	トグル出力	−	○	○	○	○
インプットキャプチャ機能		−	○	○	○	○
PWM モード		−	−	○	○	○
割り込み要因		オーバフロー	コンペアマッチ ／インプットキ ャプチャ	コンペアマッチ ／インプットキ ャプチャ	コンペアマッチ ／インプットキ ャプチャ	コンペアマッチ ／インプットキ ャプチャ

図 4.3　タイマ W の機能一覧

- タイマモードレジスタW（TMRW）
- タイマコントロールレジスタW（TCRW）
- タイマインタラプトイネーブルレジスタW（TIERW）
- タイマステータスレジスタW（TSRW）
- タイマI/Oコントロールレジスタ0（TIOR0）
- タイマI/Oコントロールレジスタ1（TIOR1）
- タイマカウンタ（TCNT）
- ジェネラルレジスタA（GRA）
- ジェネラルレジスタB（GRB）
- ジェネラルレジスタC（GRC）
- ジェネラルレジスタD（GRD）

図 4.4　タイマWのレジスタ一覧

ビット	ビット名	初期値	R/W	説　　明
7	CCLR	0	R/W	カウンタクリア このビットが1のときコンペアマッチAによってTCNTがクリアされます。0のときはTCNTはフリーランニングカウンタとして動作します。
6 5 4	CKS2 CKS1 CKS0	0 0 0	R/W R/W R/W	クロックセレクト 2〜0 TCNTに入力するクロックを選択します。 　000：内部クロックφをカウント 　001：内部クロックφ／2をカウント 　010：内部クロックφ／4をカウント 　011：内部クロックφ／8をカウント 　1XX：外部イベント(FTCI)の立ち上がりエッジをカウント 内部クロックφを選択した場合、サブアクティブ、サブスリープモードではサブクロックをカウントします。
3	TOD	0	R/W	タイマ出力レベルセットD 最初のコンペアマッチDが発生するまでのFTIOD端子の出力値を設定します。 　0：出力値0* 　1：出力値1*
2	TOC	0	R/W	タイマ出力レベルセットC 最初のコンペアマッチCが発生するまでのFTIOC端子の出力値を設定します。 　0：出力値0* 　1：出力値1*
1	TOB	0	R/W	タイマ出力レベルセットB 最初のコンペアマッチBが発生するまでのFTIOB端子の出力値を設定します。 　0：出力値0* 　1：出力値1*
0	TOA	0	R/W	タイマ出力レベルセットA 最初のコンペアマッチAが発生するまでのFTIOA端子の出力値を設定します。 　0：出力値0* 　1：出力値1*

図 4.5　レジスタ（TCRW）の説明

4.1.2　内蔵機能と制御用レジスタ群

　マイコンの内蔵機能を使いこなすには，ハードウェアとソフトウェアの分担をしっかり理解することが重要です．

　ハードウェアの動作を制御をするためには，プログラムで制御用のレジスタにデータ（指示）を書き込みます．また，外部回路との入出力も専用のレジスタを介して行います．これらのレジスタはマイコンのチップ内でバスに接続され，それぞれにアドレスが割り当てられています．したがって，C言語でそれらのレジスタのアドレスを対象にしてデータをやりとりすることで，内蔵機能を使用することができます．

　図4.6は，制御用レジスタの概念図ですが，次項で説明するI/Oポートの場合は，端子を入力で使用するか出力で使用するかという指示を，ポートコントロールレジスタ(PCR)というレジスタにデータとして書き込んでやります．各端子に対応するビットに1を書けば出力，0を書き込むと入力になります．

　また，ポートに外部から入力されたデータ，あるいはポートから出力するデータは，データレジスタ（PDR）というレジスタに書かれています．ハードウェアタイマなどの内蔵機能からの出力も，それぞれの機能ごとに用意された制御用レジスタから読み出します．

　図4.7に示すように，H8/3664Fでは，FF80番地以降に内蔵機能用のレジスタ群が配置されています．

　シングルチップマイコンに内蔵されている機能と使い方はメーカーごと，機種ごとに異なっています．各機能での制御レジスタの設定方法は，ハードウェアマニュアル

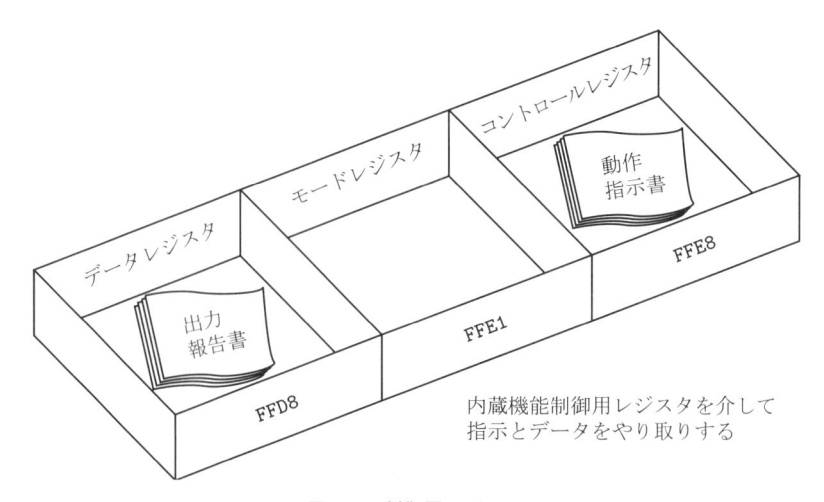

図4.6　制御用レジスタ

4.1 各種の内蔵機能　67

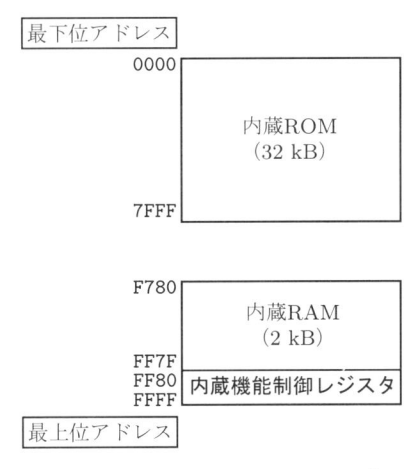

```
┌─最下位アドレス─┐
         0000 ┌──────────────┐
              │              │
              │   内蔵ROM    │
              │   (32 kB)    │
              │              │
         7FFF └──────────────┘

         F780 ┌──────────────┐
              │              │
              │   内蔵RAM    │
              │   (2 kB)     │
         FF7F │              │
         FF80 ├──────────────┤
         FFFF │内蔵機能制御レジスタ│
              └──────────────┘
└─最上位アドレス─┘
```

図 4.7　H8/3664F のメモリマップ

で設定方法を調べる必要がありますが，同じメーカーのマイコンでも機種が異なると設定方法が異なる場合があるので注意が必要です．

たとえば，ルネサステクノロジ製のマイコンでは，H8 シリーズのマイコンと SH シリーズのマイコンでは構成が異なるだけでなく，タイマなどの名称も異なっている場合があります．また，同じシリーズでも，高機能マイコンとローコストマイコンでもかなり相違があります．

表 4.1 は代表的な高機能マイコンの SH7145F と，本書で使用しているローコストマイコンの H8/3664F との内蔵タイマの比較です．

表 4.1　H8/3664F と SH7145F のハードウェアタイマ

	H8/3664F	SH7145F
16 ビット高機能タイマ	タイマ W	MTU（5 チャネル）
8 ビット高機能タイマ	タイマ V	−
16 ビットコンペアマッチ専用タイマ	−	CMT（2 チャネル）
8 ビット時計用タイマ	タイマ A	−

4.1.3　C 言語で制御用レジスタに書き込む方法

(1) ポインタ変数によるレジスタへのアクセス

アセンブリ言語では，直接 FF8C などのアドレスを指定してデータの移動(コピー)を行いますが，C 言語ではポインタ変数を用いると同様の操作をすることができます．

図 4.8 の例は，ポート 5 を全ビット出力に設定してから，ビット表示では一個おき

に1が並ぶデータ 0x55 を出力するプログラムです．最初に操作する二つのレジスタ PDR と PCR のためにポインタ変数を宣言します．つぎに，それぞれのレジスタのアドレスをハードウェアマニュアルで調べて，ポインタ変数にアドレス値を代入します．これで準備ができたので，ポインタ演算子を使って，それぞれのアドレスに必要なデータを書き込みます．

```
unsigned  char  *pdr5;          ← ポインタ変数宣言
unsigned  char  *pcr5;

void main(void)                 ← ポインタ変数にアドレスを代入
 {
      pdr5 = (unsigned char *)0xffd8;
      pcr5 = (unsigned char *)0xffe8;

           *pcr5 = 0xff;        ← 全ビット出力に設定
           *pdr5 = 0x55;        ← LED を点灯するデータ
 }
```

図 4.8　ポインタ変数を用いた内蔵機能制御用レジスタへのアクセス

(2) 制御用レジスタのアドレスをマクロで定義してあるヘッダファイルを使う方法

C 言語で内蔵機能を制御するには，ポインタ変数を用いてレジスタが配置されたアドレスにアクセスするのが基本的な手法ですが，マクロ機能（#define 文）を用いてアドレスに名前を付けてしまえば，いちいちアドレスを記述しなくてもわかりやすい名称でアクセスできます．さらに，第2章で説明したビットフィールド変数を用いれば，フラグなどの特定のビットにも名前を付けて，1ビットだけの読み書きをすることもできます．

表 4.2 に例をあげましたが，たとえば I/O ポート 5 では，FFE8 番地のポートコントロールレジスタには「IO.PCR5」，FFD8 番地のデータレジスタには「IO.PDR5」と名前を付けると普通の変数のように扱うことができます．同様に，ハードウェアタイマ（タイマ W）についても，FF81 番地のコントロールレジスタには「TW.TCRW」，ステータスレジスタには「TW.TSRW」と名前を付けて使うことができます．

ルネサステクノロジの統合開発環境 HEW を使用する場合は，各レジスタにビット

表 4.2　アドレスが付けられたレジスタ群とマクロで付けたレジスタの名称の例

レジスタ名	アドレス	マクロで付けた名称の例
ポート 5 の PCR	FFE8	IO.PCR5
ポート 5 の PDR	FFD8	IO.PDR5
タイマ W のコントロールレジスタ	FF81	TW.TCRW
タイマ W のステータスレジスタ	FF83	TW.TSRW

4.1 各種の内蔵機能　69

単位，バイト単位，ワード単位で名前を付けてアクセスできるように定義したヘッダファイルが，使用機種に合わせて iodefine.h という名称で自動生成されます．構造体，共用体，ビットフィールドを駆使したファイルで難解な面もありますが，容易にレジスタ，あるいはフラグ名を連想できる名称が付けられているため，仕組みを理解してしまえば直感的に使用することができます．

図 4.9 のリストは，ヘッダファイルからポート 5 の入出力に関係する部分を抜き出したものです．ポート 5 の入出力データを扱う PDR5 については，構造体，共用体，ビットフィールドを駆使してポートをバイト単位でもビット単位でもアクセスできるように工夫されています．また，最後の部分では，I/O 全体を記述した構造体を，ポート関

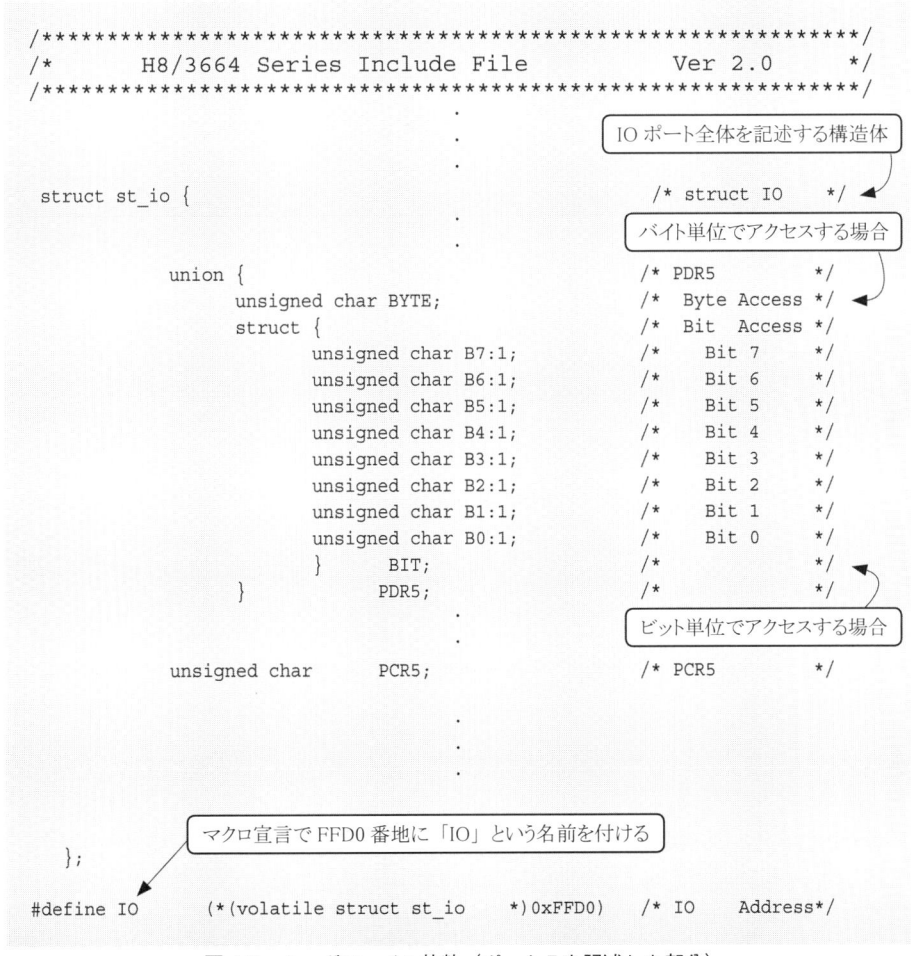

```
/****************************************************************/
/*          H8/3664 Series Include File              Ver 2.0    */
/****************************************************************/
                            .
                            .           ┌─────────────────────────┐
                            .           │IOポート全体を記述する構造体│
  struct st_io {                        └─────────────────────────┘
                                        /* struct IO         */
                            .           ┌─────────────────────────┐
                            .           │バイト単位でアクセスする場合│
                            .           └─────────────────────────┘
            union {                     /*   PDR5            */
                unsigned char BYTE;     /*   Byte Access     */
                struct {                /*   Bit  Access     */
                    unsigned char B7:1;  /*      Bit 7       */
                    unsigned char B6:1;  /*      Bit 6       */
                    unsigned char B5:1;  /*      Bit 5       */
                    unsigned char B4:1;  /*      Bit 4       */
                    unsigned char B3:1;  /*      Bit 3       */
                    unsigned char B2:1;  /*      Bit 2       */
                    unsigned char B1:1;  /*      Bit 1       */
                    unsigned char B0:1;  /*      Bit 0       */
                }    BIT;               /*                   */
            }    PDR5;                  /*                   */
                            .           ┌─────────────────────────┐
                            .           │ビット単位でアクセスする場合│
            unsigned char    PCR5;      └─────────────────────────┘
                                        /* PCR5              */
                            .
                            .
                            .
   ┌──────────────────────────────────────────┐
   │マクロ宣言でFFD0番地に「IO」という名前を付ける│
   └──────────────────────────────────────────┘
  };
#define IO        (*(volatile struct st_io    *)0xFFD0)   /* IO   Address*/
```

図 4.9　ヘッダファイル抜粋（ポート 5 を記述した部分）

```
#include "iodefine.h"      ← ヘッダファイルをインクルード

void main(void)
{
    IO.PCR5 = 0xff;         ← ポート5の全ビットを出力に設定
    IO.PDR5.BYTE = 0x55;    ← LEDを点灯するデータ
}
```

図4.10　ヘッダファイルを用いた内蔵機能制御用レジスタへのアクセス

係のレジスタが置かれているFFD0番地に割り付けるマクロとして宣言しています．

このヘッダファイルを用いて前に出てきたポインタ変数の例と同じことをするには，図4.10のように書くだけで済んでしまいます．

図4.9のst_ioというタグ名の構造体は，I/Oポートにかかわるレジスタをまとめて記述するもので，全部で23のメンバをもっています．2.6.3項で説明したように，図4.10のプログラム内の"IO"の文字列は"(*(volatile struct st_io *)0xFFD0)"に置き換えられて，FFD0番地にst_ioという形の構造体が置かれていることを意味しています．"IO.PCR5"は，FFD0番地にある構造体の，PCR5というメンバを指します．

また，各レジスタのうちビット単位でもアクセスできる方が便利なものは，共用体が配置されています．図4.10のプログラムで，PDR5の方にBYTEという文字列が余計に付いているのは，共用体が定義されているからです．

図4.11に示すように，構造体のメンバはFFD0番地から順番に配置されますが，ハードウェアマニュアルを調べてみると，いくつかレジスタが存在しない空きアドレスがあります．図4.9では省略してありますが，空きアドレスに相当するメンバには「wk」という名前のダミーが置かれて，ハードウェアマニュアルで定義された各レジスタのアドレスに合わせてあります．

図4.11で実際のレジスタのアドレスと，構造体の中のメンバとの関係をみてみます．たとえば，PDR5というレジスタはFFD8番地にありますが，st_ioの形の構造体のPDR5メンバは7番目（9バイト目）にあり，FFD0を含めた9バイト目，すなわちFFD8番地になってハードウェアマニュアルと一致します．同様に，PCR5はFFE8番地にあり，構造体のPCR5メンバはFFD0番地から22番目（25バイト目）にあって一致しています．

ヘッダファイルでは，第2章で説明した共用体が多用されています．これは同じ番地を，バイト単位でもビットフィールド変数を使ったビット単位でもアクセスすることができるようにするための工夫です．演習で出てくるI/O演習ボードでは，ポート

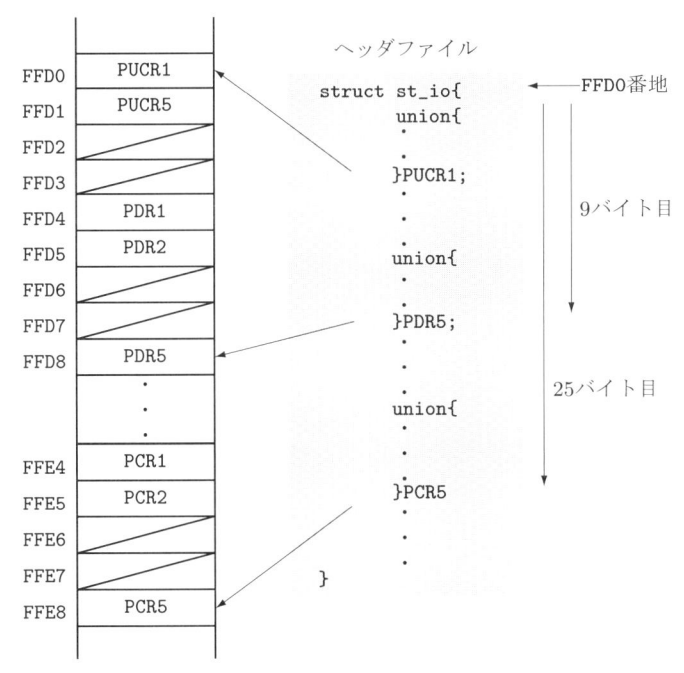

図 4.11 アドレスが付いたレジスタ群とヘッダファイルの関係

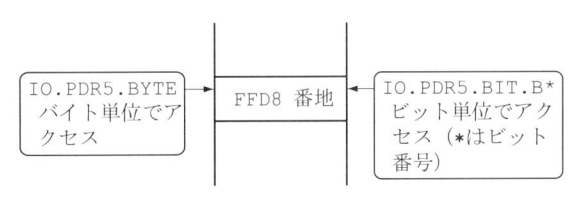

図 4.12 共用体の意味

5 の 8 ビットに赤色 LED が 8 個接続されていますが，図 4.12 に示すように，8 個の LED の点滅をまとめて制御する場合は FFD8 番地にバイト単位でデータを書き込み，8 個のうち 1 個の LED だけ制御したい場合は，ビットフィールド変数で目的のビットにだけデータを書き込みます．16 ビットの I/O ポートをもつ SH7145 の場合は，ワード単位，バイト単位，ビット単位の三種類が使い分けられるように共用体が定義されています．

以上に説明したように，ヘッダファイルは構造体，共用体，ビットフィールドを巧みに組合せたものですが，実際に使うときには構造体などを意識する必要はありません．メンバ名は原則としてハードウェアマニュアルのレジスタ名に一致させてあるので，使い慣れてくると，メンバ名を見ただけで役割が推定できるようになります．

たとえば，第 5 章の内容になりますが，タイマ W（TW）の動作条件を設定するの

はタイマコントロールレジスタ（TCRW）だから，TW.TCRW という表現になるだろう，あるいは，タイマの状態を知るのはタイマステータスレジスタ（TSRW）だから，コンペアマッチが成立したことを示すフラグ IMFA は TW.TSRW の中にあるだろう，などと推定できます．

また，各レジスタのアドレスは，図 4.9 に説明したようにヘッダファイル内で定義されているので，ユーザはいちいちハードウェアマニュアルでアドレスを確認することなしに使うことができます．

ヘッダファイルから目的のレジスタ名などを探すときは，まずファイル末尾の #define 文群を見ます．ここには構造体変数名 IO，TW などが定義されています．つぎに，目的の機能の #define に記述されている構造体タグ（st_io, st_tw, など）の定義を見つけますが，ヘッダファイル内に #define 文と同じ順序で配置されていることに注意すれば見つけやすいでしょう．

構造体タグの定義では，レジスタ名やフラグ名のコメントが付けられているので，コメント文から目的のレジスタを探し出すと楽です．

4.1.4 インテル系マイコンでの I/O ポートアクセス

本書で取り上げているルネサステクノロジ製の H8 シリーズのマイコンは，モトローラ系の仕組みを踏襲しています．モトローラ系とインテル系の違いはいくつかありますが，大きく違うのは内蔵機能用レジスタへのアクセスと入出力命令です．

モトローラ系のマイコンでは，図 4.7 のように I/O など内蔵機能のためのレジスタ群は ROM・RAM と同じアドレスの系列（アドレス空間と呼びます）に配置されています．したがって，内蔵機能のレジスタに対するアクセスは，アセンブリ言語の場合，主メモリ（ROM・RAM）に対するのと同じ MOV 命令を使います．C 言語ではアドレスを指定してデータの読み書きができます．

それに対してインテル系では，図 4.13 に示すように I/O など内蔵機能用のためのアドレス空間を，主メモリのアドレス空間とは別にもっています．主メモリのアドレスへのアクセスは，アセンブリ言語の MOVE 命令で行うのに対し，内蔵機能用レジスタにアクセスするときには，専用の IN，OUT 命令を使います．H8/3664F で FF80 番地以降に配置されているレジスタに相当するものは，インテル系では I/O のアドレス空間の 0 番地から配置されていて，IN，OUT 命令を使うことになります．

しかし，ANSI-C では複数のアドレス空間を区別する手段をもっていません．インテル系の C 言語コンパイラの場合，普通の代入命令は MOVE 命令に変換されますから，I/O 用の IN，OUT 命令を発生させるために inp，outp などの名称をもった特

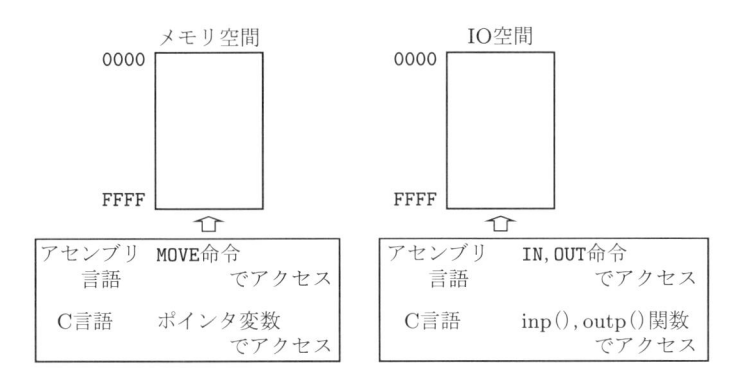

```
         メモリ空間                  IO空間
    0000 ┌────────┐          0000 ┌────────┐
         │        │               │        │
         │        │               │        │
         │        │               │        │
    FFFF └────────┘          FFFF └────────┘
              ⇧                        ⇧
    ┌─────────────────┐      ┌─────────────────┐
    │アセンブリ MOVE命令│      │アセンブリ IN,OUT命令│
    │ 言語    でアクセス│      │ 言語    でアクセス│
    │C言語 ポインタ変数 │      │C言語 inp(),outp()関数│
    │       でアクセス │      │       でアクセス │
    └─────────────────┘      └─────────────────┘
```

(モトローラ系マイコンでは，I/Oなどもすべてメモリ空間に配置されている)

図 4.13 インテル系マイコンのアドレス空間

別な関数が用意されています．

このほかにも，インテル系とモトローラ系ではレジスタの役割，データの配置など異なる部分があります．また，上の説明の中でも使い分けていますが，同じ機能をもつアセンブリ言語の命令でも，インテル系は MOVE，モトローラ系では MOV という微妙な差があります．

インテル系とモトローラ系ではもう一つ，2 バイトのワードデータをメモリ上に格納するとき，指定したアドレスに上位バイトを置くか，下位バイトを置くかという違いがあります．

図 4.14（a）に示すように，指定したアドレスに上位バイトを置くのをビッグエンディアン，図（b）のように，下位バイトを置くのをリトルエンディアンと呼びますが，インテル系はリトルエンディアン，モトローラ系はビッグエンディアンです．

```
        0x89abをFF00番地に配置すると

    FF00 │ 89 │          FF00 │ ab │
    FF01 │ ab │          FF01 │ 89 │

   （a）ビッグエンディアンの場合  （b）リトルエンディアンの場合
```

図 4.14 ビッグエンディアンとリトルエンディアン

C 言語では通常はこの差を意識する必要はありませんが，ワードデータを置いた同じアドレスにバイトでアクセスすると結果が異なるので注意が必要です．

第 6 章に出てくる A/D 変換器では 10 ビットのデータが得られますが，ビッグエンディアンであれば short 変数で読み出すか char 変数で読み出すかで 10 ビット精度

と 8 ビット精度を使い分けることができます．

エンディアンというのは妙な言葉ですが，ガリバー旅行記に出てくる種族の名前で，ゆで卵の太い方から食べるのをビッグエンディアン，細い方から食べるのをリトルエンディアンというそうです．

4.2　I/O ポート（パラレルインターフェイス）

I/O ポートは，マイコンと外部回路の代表的なインターフェイスです．8 ビットあるいは 16 ビットのデータを一度にやりとりするパラレルデータを扱います．

「ポート」は港の意味ですが，データという荷物をやりとりする港のようなものだと考えてください．港にある倉庫に相当するのがレジスタで，データを一時的に蓄える機能ももっています．

この節では，このような I/O ポートの使い方を説明します．

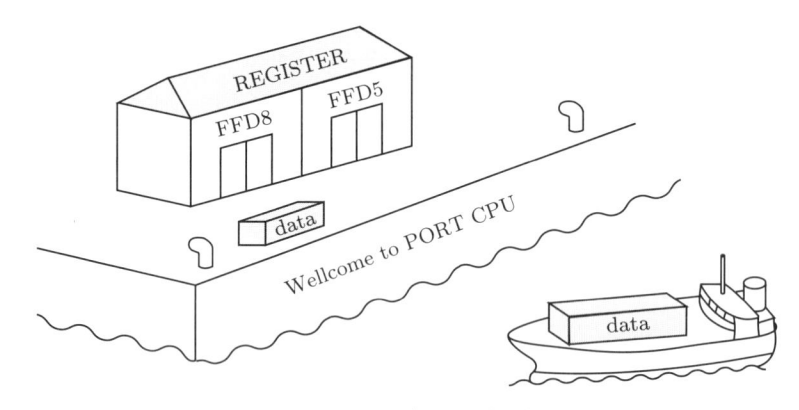

図 4.15　I/O ポートはデータを受け渡しする港

4.2.1　H8/3664F の I/O ポート

I/O ポートでは，端子が入出力兼用になっているのが普通です．多くのマイコンではビットごとに入出力を設定できますが，入出力を切り替えるためのレジスタをもっていて，あるビットに 1 が書き込まれると対応するポートのビットが出力に，0 が書き込まれると入力に設定されます．この入出力を制御するレジスタを，ポートコントロールレジスタ（PCR），またはデータディレクションレジスタ（DDR）などと呼び

ます。図4.9でも出てきましたが、PCRというのは、ハードウェアマニュアルとヘッダファイル内での呼び方です（マイコンの機種によって呼び方が変わりますので、ハードウェアマニュアルで確認してください）。

一般に、外部回路や機器はCPUよりスピードが遅いので、そのまま接続すると出力時に外部回路がデータを読み出すまでCPUを待たせることになってしまいます。そこで、出力にはデータをラッチ（保持）するためのレジスタを用意して、CPUは出力レジスタにデータを書き込めば、外部回路がデータを読み出すのを待たずにほかの仕事ができるように構成されています。この出力データをラッチするためのレジスタを、ポートデータレジスタ（PDR）、あるいは単にデータレジスタ（DR）と呼びます。

H8/3664Fは6本のI/Oポートをもち、それぞれ特徴をもっています。

表4.3はH8/3664FのI/Oポートですが、各I/OポートがそれぞれPDRとPCRをもち、それぞれにアドレスが割り付けられています。たとえば、ポート5ではPDRはFFD8、PCRはFFE8です。

この表を見て、ポートの番号が飛び飛びなのが気になるかもしれません。これはH8/3664Fがローコスト化のために入出力のビット数（端子数）を制限してパッケージを小型化しているためで、H8/3664Fと同じ300Hシリーズの高機能マイコンH8/3048Fの場合は、ポート1～ポートBまで11本のポートが全部そろっていて、入出力のビット数が格段に多くなります。

表4.3　H8/3664FマイコンのI/Oポートのアドレス

ポート名	ビット数	PDRアドレス	PCRアドレス	備考
ポート1	7	FFD4	FFE4	IRQ端子と切替
ポート2	3	FFD5	FFE5	直列通信端子と切替
ポート5	8	FFD8	FFE8	ウェイクアップ端子と切替
ポート7	3	FFDA	FFEA	タイマV端子と切替
ポート8	8	FFDB	FFEB	タイマW端子と切替
ポートB	8	FFDD	—	入力専用、アナログ入力も可

4.2.2　I/Oポートの仕組み

図4.16は、ポート5の中の1ビット分の内部構成を表す概念図です。C言語では詳しい構造を知っている必要はありませんが、バスの理解にもつながるので少し詳しく説明しましょう。

図4.16で、CPUから下に延びている二つの幅の広い線がバスと呼ばれる信号線です。アドレスバスにはアドレスデコーダという回路がいくつか接続されていて、それ

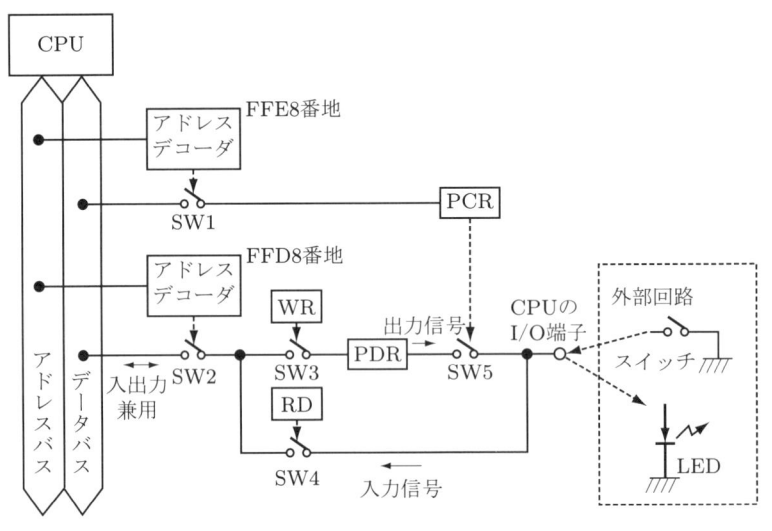

図4.16 I/Oポートの概念図

ぞれのアドレスデコーダには固有のアドレス値が割り当てられています．

たとえば，アドレスバスにFFE8（16進数 以下この項では16進数で説明しています）のデータが出力されると，FFE8というアドレス値が割り当てられたアドレスデコーダがそれを検出して，図のSW1を閉じます．するとPCRというレジスタがデータバスに接続されて，データバスに出力されたデータがPCRに書き込まれます．I/Oポートの回路は，PCRに書き込まれたデータが1のときはSW5が閉じてこのビットは出力に，0のときはSW5が開いてこのビットは入力に設定されます．

アドレスバスにFFD8が出力された場合は，同様にSW2が閉じてデータバスとI/O端子が接続されますが，図のSW3は$\overline{WR}$信号で制御され，SW4は$\overline{RD}$信号で制御されていて，CPUの動作でどちらかが閉じるようになっています．SW5の動作とは独立しています．

図4.16ではスイッチが書いてありますが，もちろん実際の回路では論理回路のANDが使われています．

(1) 出力の場合

図4.17で，I/Oポートの端子にLEDを接続して，点滅の制御をすることを考えます．

① `IO.PCR5=0xff;`

という文を書くとコンパイラがアセンブリ言語（＝機械語）に翻訳してくれて，アドレスバスにはヘッダファイルで定義されたFFE8が出力され，データバスにはFFが出力されます．［①a］FFE8のアドレスデータにより，SW1が閉じてFFのデータはPCRに書き込まれます．［①b］この段階で8ビットまとめてSW5が出力に

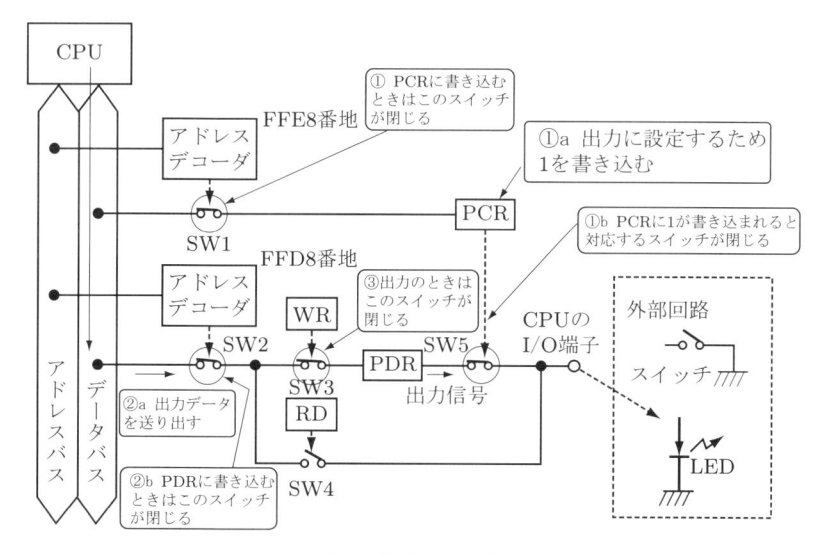

4.2 I/Oポート（パラレルインターフェイス）

図4.17 I/Oポートの出力動作

設定されることになります．

つぎに

② `IO.PDR5.BYTE=0x55;`

と書くと，アドレスバスにはFFD8が出力され，[②a] データバスには55が出力されます．上の場合と同様に，[②b] FFE8のアドレスデータでSW2が閉じますが，③このときSW3とSW4はデータの流れる方向によりCPUから制御信号が出力されて図の方向に設定され，55のデータがPDRに書き込まれます．ここで，SW5が閉じているので，PDRのデータはCPUの端子に出力されます．PDRのデータはつぎに別のデータが書き込まれるまでは保持されます．

(2) 入力の場合

I/O端子にスイッチなどを接続してデータを入力する場合は，適当な変数（ここではaとする）を用意してPDRからデータを読み込みます．出力の場合と同様に考えて，

① `IO.PCR5=0x00;`

という文でSW5が開いてPDRが端子から切り離されます．

つぎに

② `a=IO.PDR5.BYTE;`

という文でFFD8番地のデータが変数aに読み込まれます．この場合，表現はPDR5ですが，図4.18に示すように，入力の場合は入出力端子はPDRを経由せずに直接バスに接続されます．したがって，CPUはレジスタのPDRではなく端子のデータを直接読み込みます．

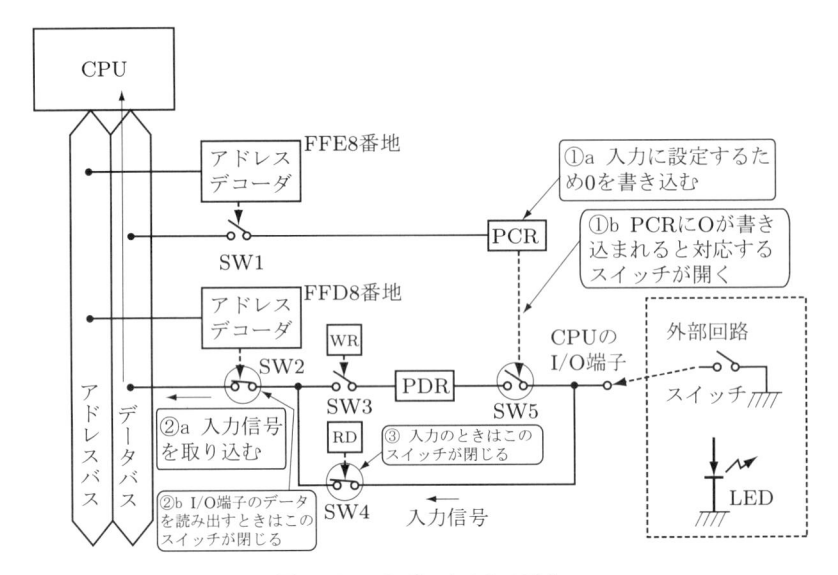

図 4.18　I/O ポートの入力動作

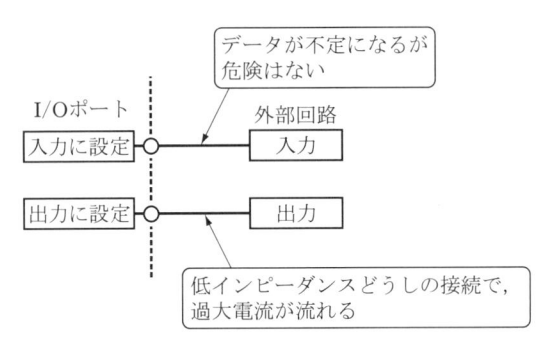

図 4.19　I/O ポートの設定ミス

　入力の場合はデータ保持用のレジスタが介在していないため，外部から端子に与えるデータは CPU が読みにくるまで保持しておかなければなりませんが，普通にプログラムを作れば長くても 10 μs 以下の待ち時間で CPU が入出力端子のデータを読むことができるので問題はありません．

　ハードウェアの動作を考えると少々ややこしいのですが，一度プログラムの書き方をおぼえてしまえば後はハードウェアを気にする必要はありません．ただし，外部回路側の入出力とマイコン側のハードウェアの入出力の設定（PCR の設定）が矛盾しないように気をつけてください．

　図 4.19 のように，端子を外部回路の入力に接続しておいて PCR も入力に設定すると，端子は高インピーダンスになり，論理回路のデータとしては不定になります

（I/O 演習ボードで，イニシャライズ前の赤色 LED がこの状態です）．

また，端子を外部回路の出力に接続して PCR も出力に設定すると，低インピーダンスどうしが接続されるため，過大電流が流れてしまい，回路を損傷するおそれがあります．マイコンが起動したときの初期状態では安全のため各ポートは入力に設定されているので，ポートを出力に設定する場合は外部回路を確認してください．

Column コラム　バスの話

　コンピュータの内部では，データ（電気信号）はバスと呼ばれる信号線の束を流れています．バスというのは町中を走っているバス（元の言葉はオムニバス）と同じ言葉で，たくさんの回路が共通で使う信号線という意味です．マイコン内には大量のメモリや制御用のレジスタが組み込まれていますが，これらの回路素子にそれぞれ個別の配線をすることは不可能なので，一組の信号線をすべての素子が共通で使うわけです．

　信号を送るときは，たくさん接続されている回路素子の中の一つだけを識別する必要があります．そこで各回路素子にアドレスを付け，図 4.17, 4.18 で説明したように，アドレスバスに目的の素子のアドレスを出力します．目的の素子に付属するアドレスデコーダがアドレスバスの信号を解読してスイッチを閉じ，素子をデータバスに接続します．

　マイコンの内部にはアドレスとデータの二つのバスが配線されていますが，外部に ROM や RAM を追加する場合は，図 4.21 のようにバスをマイコンの外部に取り出さなければなりません．

　多くのマイコンでは，外部の増設用にバスの端子を設けて I/O ポートと切り

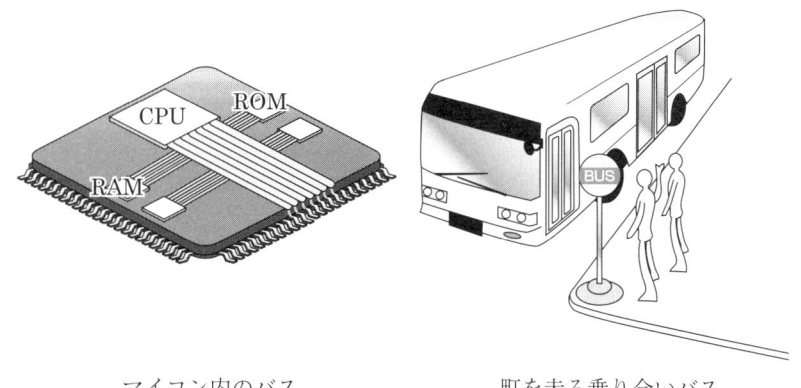

マイコン内のバス　　　　　　町を走る乗り合いバス

図 4.20　マイコン内のバスは共用信号線

替えて使うようになっていますが，今回取り上げている H8/3664F のようなローコストマイコンでは，端子数を減らすためにバスを外部に取り出すことをあきらめている場合もあります．この場合はメモリの外部増設はできません．

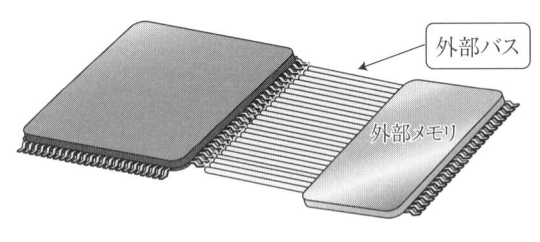

図 4.21 マイコンの外部に取り出されたバス

4.2.3 他の機能の端子との切り替え

組込み用のマイコンで，実際に外部回路と接続されるのはパッケージの端子ですが，接続が必要なものすべてに 1 本ずつ端子を割り当てると膨大な数になります．そこで多くのマイコンでは一つの端子がいくつかの機能を兼用しています．

H8/3664F ハードウェアマニュアルの第 1 章（概要）にパッケージの端子配置図が載っていますが，多くの端子が 2 〜 3 の機能を兼ねていることがわかります．たとえば，図 4.22 の 51 番端子は P14/$\overline{\text{IRQ0}}$ と書かれていて，ポート 1 のビット 4 と

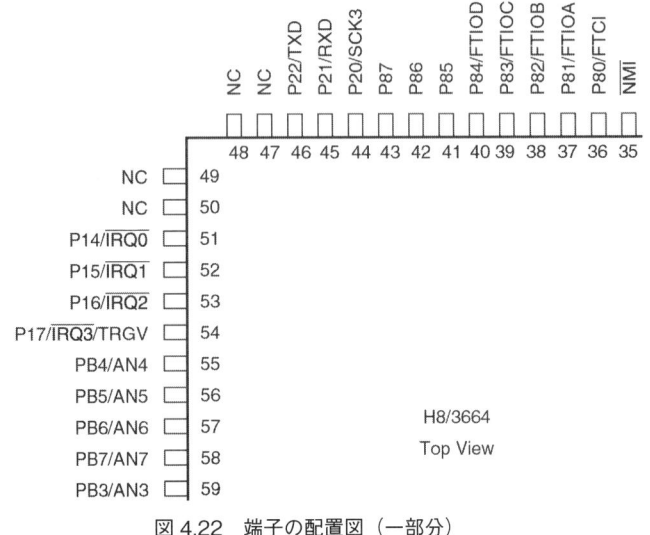

図 4.22 端子の配置図（一部）

IRQ0 割込の入力端子を兼用しています．端子の機能の切り替えはそれぞれの内蔵機能の制御用レジスタで設定します．

何も設定しないときは，図の最初に書かれている機能に設定されています．前出の表 4.3 には，各 I/O ポートの端子から切り替えられる機能を示してあります．

外部に ROM・RAM を接続できるマイコンでは，アドレスバスとデータバスを外部に取り出す必要がありますが，これも I/O ポートと端子が兼用になっています．その場合は，マイコンの動作モードを外部メモリを使用する設定にすると自動的に端子の機能がバスに切替えられるようになっているものが多いようです．

例題 4.1

図 4.23 は 4.1.3 項に出てきたプログラムの体裁をととのえたものです．

I/O ポートのもっとも基本的な使い方で，8 ビットのポート 5 を全ビット出力に設定して，接続されている 8 個の赤色 LED を 1 個おきに点灯させるデータ 0x55（ビット並びは 0 1 0 1 0 1 0 1）を出力します．

```
/************************************************/
/*    サンプルプログラム                          */
/*      I/O 演習ボードの赤色 LED を 1 個おきに点灯する  */
/************************************************/
#include "iodefine.h"         /* ヘッダファイル読み込み   */
void init (void) ;

void main (void)
{
    init ( ) ;

    IO.PDR5.BYTE = 0x55;      /* R_LED の点灯データを出力 */
    while (1) ;               /* 暴走防止の永久ループ     */
}
void init (void)
{
    IO.PDR5.BYTE = 0x00;      /* P5 R_LED 出力データ初期化 */
    IO.PCR5      = 0xff;      /* P5 全ビット    を出力に設定 */
}
```

図 4.23　サンプルプログラム

演習 4.1 I/O ポートの制御

例題 4.1 を書きかえて，8 個の赤色 LED の両端の 2 個を点灯させてみてください．

演習 4.2 データの入出力

I/O 演習ボードを用いて，図 4.24 のようにポート 5 に接続された 8 個の赤色 LED の両端を点灯後，t 秒ごとに 1 ずつ加算するプログラムを考えて下さい．

動作は 2 進数の加算になります．図 4.24 に示すように，最初は出力データが 0x81（ビットパターンは 10000001）で 8 個の LED の両端が点灯していますが，t 秒経過すると出力データは 1 加算されて 0x82（ビットパターンは 10000010）になり，図のように点灯パターンが変化します．以後 t 秒ごとに出力データの変化にしたがって点灯パターンが変化していきます．

	L8	L7	L6	L5	L4	L3	L2	L1	
＜初期状態＞	●	○	○	○	○	○	○	●	0x81
＜t 秒経過＞	●	○	○	○	○	○	●	○	0x82
＜t 秒経過＞	●	○	○	○	○	○	●	●	0x83
＜t 秒経過＞	●	○	○	○	○	●	○	○	0x84
＜t 秒経過＞	●	○	○	○	○	●	○	●	0x85

LED の表示　　ポートに 1 ずつ加算

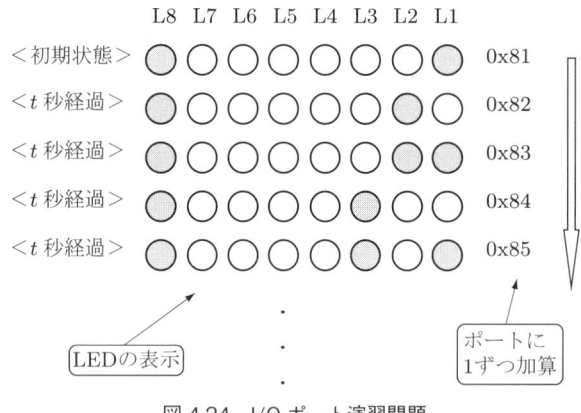

図 4.24　I/O ポート演習問題

ヒント

普通にプログラムを作ると，加算をして表示をする繰り返しの間隔が数 μs になります．これでは人間の目では早すぎて変化がわかりませんので，適当な時間 t 秒（数 10 ms 以上）ごとに表示が変化するように時間間隔を調整する必要があります．具体的には無駄な時間をはさみます．

ここでは，無駄な時間を作るためにソフトウェアタイマを使って下さい．for ループを使って，何もせずにループを回せば時間が経過します．空の for 文であれば 10 万回程度でちょうどよい時間になりますが，10 万という数値は int 型では扱えず long 型の必要があります．

なお，ソフトウェアタイマでは正確な時間がはっきりしません．正確な時間間隔が必要なときは，つぎの章で演習するハードウェアタイマを使用して下さい．

パソコン用の C コンパイラの中には，空の for ループは意味がないとして最適化の機能

により無視されてしまうものがありますが，今回使用したコンパイラでは最適化の対象にはなりません．マイコンのプログラムでは外部回路とタイミングをとるために空の for ループを使用する場合がよくあります．

> ❗**注意**：作成したプログラムを実機で実行するには，本来はベクタテーブルとスタックポインタの設定が必要です．E8 エミュレータでは両者の設定を省略することが可能なので，第 8 章の学習を終えるまではエミュレータに設定をまかせて演習を行ってください．

第5章 ハードウェアタイマ

　機器組込のマイコンシステムでは，定期的に操作スイッチやセンサを監視するなど，一定間隔で何らかの作業をする場合が多くあり，ほとんどのシングルチップマイコンはハードウェアタイマを内蔵しています．
　この章では，ハードウェアタイマの機能と使い方について説明します．

5.1　ハードウェアタイマの基本機能

　ハードウェアタイマの代表的な機能は，一定時間間隔を作るコンペアマッチ機能です．設定された時間が経過すると図5.1のようにフラグを立てて知らせますが，同時に割込要求信号を発生することもできます．このほかにも豊富な機能があり，組み込みシステムの中で重要な存在です．この節では，主要な使い方に絞って説明しますが，さらに詳しい使い方は，各マイコンのハードウェアマニュアルを参照して下さい．

5.1.1　ハードウェアタイマの構成

　タイマの中身はディジタルカウンタです．与えられたクロックをカウントして時間間隔を作るようになっています．タイマの機能はこのカウンタを含めハードウェア（電子回路）で実現されていて，プログラムの進行とは無関係に動作します．制御用のレジスタで機能を設定してからタイマをスタートさせると，ハードウェアのカウンタが

5.1 ハードウェアタイマの基本機能

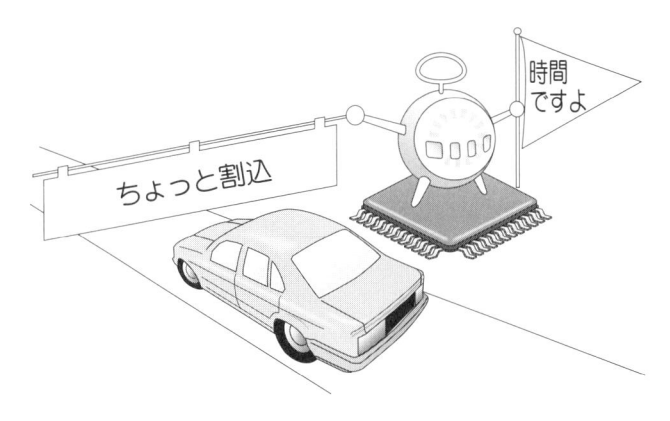

図 5.1 ハードウェアタイマ

クロックを正確にカウントしていき，設定されたタイミングでフラグを立てます．プログラムからタイマの動作を知るためには，制御用のレジスタ内におかれたフラグを見にいく必要があります．

あるいは，タイマから割込を要求するための電気信号を発生することもでき，この場合は自動的に割込処理関数が実行されます．

また，マイコン外の回路と電気信号をやりとりすることもでき，そのための入出力端子が用意されています．

なお，タイマの名称はマイコンのシリーズごとに異なっている場合が多く，ルネサステクノロジのマイコンでは，多機能のタイマにはインテグレーテッドタイマパルスユニット（ITU），マルチファンクションタイマパルスユニット（MTU）などの名称が付けられています．

表 5.1 は H8/3664F に内蔵されているタイマの一覧表ですが，タイマ W というのが一般的な多機能タイマで，ほかの 3 本は機能が限定された簡易タイマになっています．H8/3664F はローコストマイコンなのでタイマが 4 本しかありませんが，高機能なマイコンになると，表 5.2 のように多機能タイマである MTU を数本，コンペアマッチ専用のタイマを数本もっている例もあります．

図 5.2 に，ヘッダファイル (iodefine.h) の中のタイマ W にかかわる部分を抜き出したものを示します．全部で 16 バイトありますが，一部省略してあります．

第 4 章で説明した I/O ポートの場合と同じ仕組みで，最後の行のマクロ宣言で TW という名称を FF80 番地に置かれた st_tw というタグ名をもつ構造体に割り付けています．そして構造体のそれぞれのメンバが，ハードウェアマニュアルに記載された各レジスタに対応しています．

表 5.1 H8/3664F の内蔵タイマ

名　称	チャネル数	主　な　機　能
ウォッチドッグタイマ	1	暴走などのシステム監視用の 8 ビットタイマ
タイマ A	1	時計用を主な目的にした 8 ビットタイマ
タイマ V	1	任意の時間間隔を発生できるコンペアマッチ機能をもつ 8 ビットタイマ
タイマ W	1	コンペマッチ機能のほか，入力パルスの時間間隔を測定するインプットキャプチャ機能，PWM 出力発生などの機能をもつ多機能の 16 ビットタイマ

表 5.2 SH7145F の内蔵タイマ

名　称	チャネル数	主　な　機　能
ウォッチドッグタイマ	1	暴走などのシステム監視用の 8 ビットタイマ
マルチファンクションタイマパルスユニット（MTU）	5	コンペマッチ機能のほか，入力パルスの時間間隔を測定するインプットキャプチャ機能，PWM 出力発生などの機能をもつ多機能の 16 ビットタイマ
コンペアマッチタイマ（CMT）	2	任意の時間間隔を発生できるコンペアマッチ機能をもつ 16 ビットタイマ

```c
/******************************************************************/
/*      H8/3664 Series Include File                    Ver 2.0    */
/******************************************************************/

struct st_tw {                                  /* struct TW      */
        union {                                 /* TMRW           */
                unsigned char BYTE;             /*   Byte Access  */
                struct {                        /*   Bit  Access  */
                        unsigned char CTS  :1;  /*     CTS        */
                        unsigned char      :1;  /*                */
                        unsigned char BUFEB:1;  /*     BUFEB      */
                        unsigned char BUFEA:1;  /*     BUFEA      */
                        unsigned char      :1;  /*                */
                        unsigned char PWMD :1;  /*     PWMD       */
                        unsigned char PWMC :1;  /*     PWMC       */
                        unsigned char PWMB :1;  /*     PWMB       */
                }     BIT;                      /*                */
        }     TMRW;                             /*                */
        union {                                 /* TCRW           */
                unsigned char BYTE;             /*   Byte Access  */
                struct {                        /*   Bit  Access  */
                        unsigned char CCLR:1;   /*     CCLR       */
                        unsigned char CKS :3;   /*     CKS        */
                        unsigned char TOD :1;   /*     TOD        */
                        unsigned char TOC :1;   /*     TOC        */
```

```
                    unsigned char TOB :1;      /*        TOB       */
                    unsigned char TOA :1;      /*        TOA       */
                }        BIT;                   /*                  */
            }        TCRW;                      /*                  */
        union {                                 /* TIERW            */
            unsigned char BYTE;                 /* Byte Access      */
            struct {                            /* Bit  Access      */
                    unsigned char OVIE :1;     /*        OVIE      */
                    unsigned char      :3;     /*                  */
                    unsigned char IMIED:1;     /*        IMIED     */
                    unsigned char IMIEC:1;     /*        IMIEC     */
                    unsigned char IMIEB:1;     /*        IMIEB     */
                    unsigned char IMIEA:1;     /*        IMIEA     */
                }        BIT;                   /*                  */
            }        TIERW;                     /*                  */
        union {                                 /* TSRW             */
            unsigned char BYTE;                 /* Byte Access      */
            struct {                            /* Bit  Access      */
                    unsigned char OVF :1;      /*        OVF       */
                    unsigned char     :3;      /*                  */
                    unsigned char IMFD:1;      /*        IMFD      */
                    unsigned char IMFC:1;      /*        IMFC      */
                    unsigned char IMFB:1;      /*        IMFB      */
                    unsigned char IMFA:1;      /*        IMFA      */
                }        BIT;                   /*                  */
            }        TSRW;                      /*                  */
        union {                                 /* TIOR0            */
            unsigned char BYTE;                 /* Byte Access      */
            struct {                            /* Bit  Access      */
                    unsigned char     :1;      /*                  */
                    unsigned char IOB:3;       /*        IOB       */
                    unsigned char     :1;      /*                  */
                    unsigned char IOA:3;       /*        IOA       */
                }        BIT;                   /*                  */
            }        TIOR0;                     /*                  */
        unsigned int    TCNT;                   /* TCNT             */
        unsigned int    GRA;                    /* GRA              */
        unsigned int    GRB;                    /* GRB              */

#define TW  (* (volatile struct st_tw    *) 0xFF80)   /* TW          */
```

図 5.2　タイマ関係のヘッダファイル抜粋

5.1.2　一定時間間隔を作るアウトプットコンペアマッチ機能

　図 5.3 はコンペアマッチ機能の概念図です．大きさの違うコップをいくつか用意して水を注ぎ，コップがちょうど一杯になったときにフラグを立てて知らせます．水に

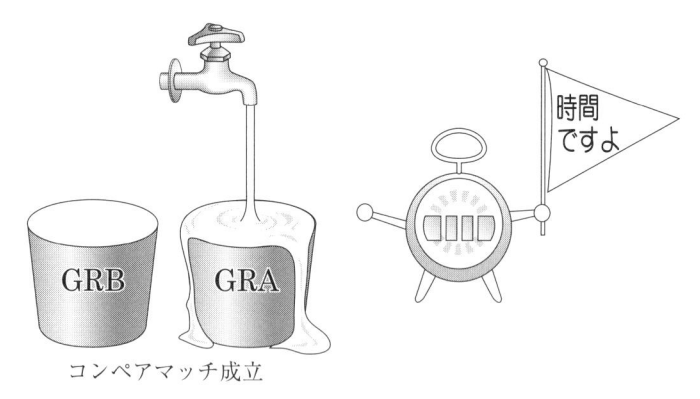

図5.3 一定時間間隔を作るコンペアマッチ

相当するのがタイマのカウント値で，コップに相当するのがGRA,GRBなどと名付けられたレジスタです．

図5.4は実際のコンペアマッチ機能の動作説明図です．例に取ったのはタイマWで，16ビットの多機能タイマです．タイマの本体は，タイマ用のクロックで駆動されるタイマカウンタ（TCNT）で，16進数の0000からFFFFまで（10進数では65535まで）カウントすることができます．

アウトプットコンペアマッチ機能では，ジェネラルレジスタ（GRA〜GRDの4本）という16ビットのレジスタに数値を用意しておいて，TCNTのカウント値がジェネラルレジスタの設定値と一致したときに決められた動作をします．TCNTとジェネラルレジスタの値が一致することを"コンペアマッチが成立した"（図5.4の①）といいます．図5.4ではGRAとGRBしか表示してありませんが，GRC, GRDでも同様の動作になります．

図5.4に示したように，コンペアマッチが成立するとフラグ（IMFAまたはIMFB）が0から1にかわります（フラグが立つあるいはセットされるといいます②）が，設定によりこのフラグが立ったときにいくつかの動作をさせることができます．ここで，フラグと呼んでいるのは，制御用レジスタ（TSRW）の中の特定のビットのことです．

任意の時間間隔を得るためには，フラグが立つと同時にTCNTをクリアする設定にします（③）．図5.4では，TCNTはGRAに設定された数値に達するごとにクリアされているので，［タイマ用クロック周期×GRA設定値］の周期でカウンタがクリアされてIMFAフラグが立つことになります．

ここまでの動作はすべてハードウェアであることに注意してください．図5.5に，ハードウェアとソフトウェアの役割分担を示します．プログラムで動作条件を制

5.1 ハードウェアタイマの基本機能　89

図 5.4　タイマWの動作例

図 5.5　ハードウェアとソフトウェアの役割分担

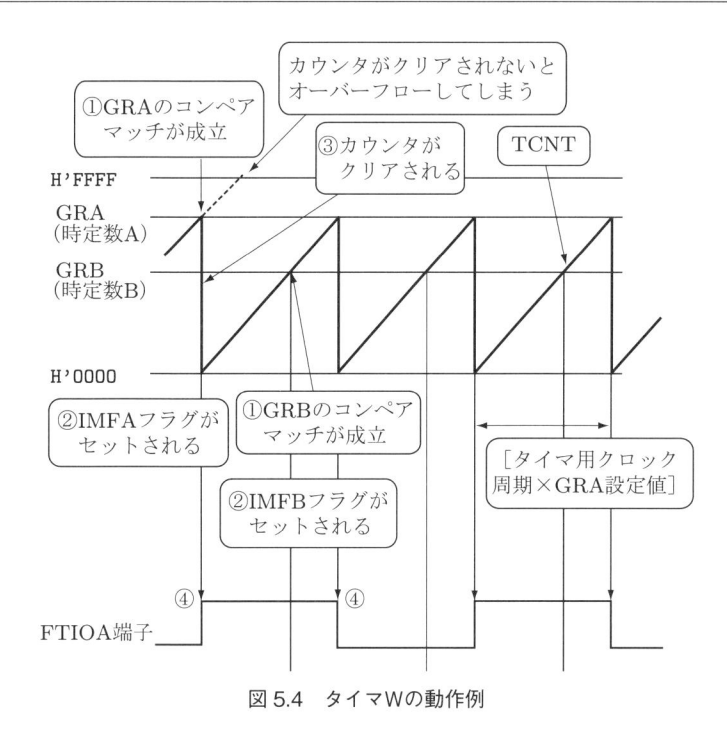

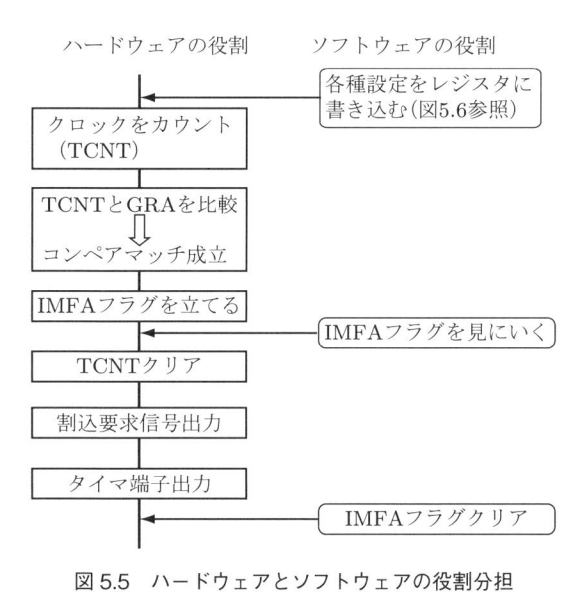

御用レジスタに設定してタイマをスタートさせると，あとはプログラムの進行とは無関係にタイマのカウントが行われます．プログラムからこの一定時間周期を利用するにはIMFAフラグを読みにいく必要がありますが，設定により割込要求のための電気信号を発生させることもできます．この場合は，第7章で説明する割込処理の仕組みで，自動的に決められた割込処理関数を実行させることもできます．

ただし，ハードウェアはIMFフラグのセットはしますがクリアはしません．プログラムでフラグのクリア（0を書き込む）をする必要があります．割込要求信号はIMFフラグに同期しているので，フラグのクリアを忘れると割込要求が出っぱなしになってしまいます．

このほかにもいくつかの機能があり，図5.4ではタイマ出力端子（FTIOA）を用意して，コンペアマッチが成立するごとに出力を反転させています（④）．

ハードウェアタイマを使用するためにはいくつかの設定が必要です．図5.6は，16ビットタイマであるタイマWのアウトプットコンペアマッチA機能を使って，一定間隔を作る設定の手順です．

```
     ↓
①タイマクロックの設定
     ↓
②コンペアマッチのための
  数値をGRAにセット
     ↓
③コンペアマッチAを使用する
  設定
     ↓
④コンペアマッチが成立したと
  きにTCNTをクリアする設定
     ↓
⑤イニシャライズ終了後
  スタートビットに1を書く
     ↓
タイマがカウントスタート
```

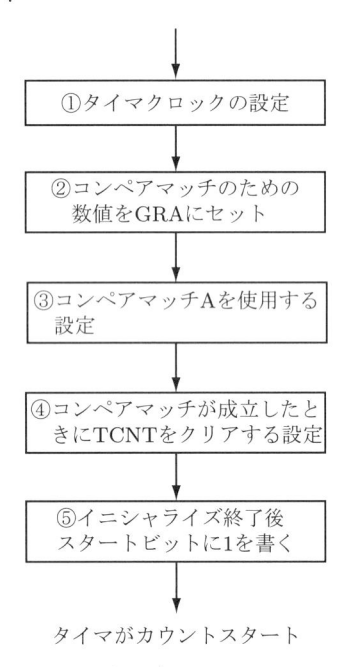

図5.6 タイマWのアウトプットコンペアマッチA設定手順

5.1.3　内蔵機能制御用レジスタを設定する方法

4.1.3項で説明したように，タイマの機能を設定するレジスタには，HEWが自動生成したヘッダファイルを使ってアクセスします．

以下，図5.6の手順で設定していきますが，まずハードウェアマニュアルを調べて設定すべき項目を見つけ，ヘッダファイルの対応する項目を探します．このとき，各設定がいくつかのレジスタに分散していることがあるので，注意して探してください．

①タイマクロックの設定

ハードウェアマニュアルを見ると，タイマコントロールレジスタ（TCRW）の中にCKSというビットが見つかります．

本書で取り上げているマイコンボードでは，クロックが14.7456 MHzなので，内部クロックの周期はクロック周波数の逆数で0.0678 µsです．ここではできるだけ長い周期を作るために，表5.3の8分周を選びます．CKSには011すなわち10進数の3をつぎのように設定します．

```
TW.TCRW.BIT.CKS=3;
```

このときのタイマのクロックは0.0678 × 8 = 0.542 µsになります．

ここで，BITという文字列が入っているのは，TCRW全体（1バイト）を書き換えるのではなく，CKSという特定のビットだけ書き換えるためのビットフィールド変数を指定しているからです．

表5.3　タイマ用クロックの設定（CKSの設定条件）

CKS2	CKS1	CKS0	設定結果
0	0	0	内部クロック
0	0	1	内部クロック/2
0	1	0	内部クロック/4
0	1	1	内部クロック/8
1	*	*	外部クロック

②コンペアマッチのための数値をGRAにセット

GRAにセットする値は作りたい時間間隔で決まります．ここでは33 msを作ることにしましょう．33 ms ÷ 0.542 µs = 60 886なのでつぎのように設定します．

```
TW.GRA=60886;
```

③コンペアマッチAを使用する設定

これは初期値なので設定不要です．

④コンペアマッチが成立したときに TCNT をクリアする設定

　ハードウェアマニュアルの TCRW の項に CCLR というビットがあります．このビットを 1 にするとコンペアマッチ A で TCNT がクリアされると書いてあるので，つぎのように設定します．

　　　TW.TCRW.BIT.CCLR=1;

⑤ここまでの設定（イニシャライズ）終了後，スタートビットに 1 を書きます．タイマモードレジスタ（TMRW）にカウンタスタートのビット CTS があるので，つぎのように設定します．

　　　TW.TMRW.BIT.CTS=1;

これでタイマ W の設定が終わってタイマがスタートしました．

　33 ms ごとに IMFA フラグが立ちますが，このフラグはタイマステータスレジスタ（TSRW）の中にあります．IMFA を変数に読み込んで，プログラムの中で 1 か 0 かを監視します．IMA フラグが 1 かどうかチェックするためにフラグをつぎのように変数に読み込みます．

　　　a=TW.TSRW.BIT.IMFA;

a が 1 であれば 33 ms 経過したということです．IMFA が 1 だった場合は，つぎのように必ずクリアしてください．

　　　TW.TSRW.BIT.IMFA=0;

これで 33 ms の時間間隔を得ることができるようになりました．

　ここではタイマの設定を詳しく解説しましたが，シングルチップマイコンを自由自在に使いこなすためには，使用したい内蔵機能について目的のマイコンのハードウェアマニュアルで各レジスタの機能を自分で調べ，ヘッダファイルと対比させて目的に合った設定をする必要があります．

　ヘッダファイルで用いられている名称は，原則としてハードウェアマニュアルに記述されているレジスタ名と同じなので，慣れてくると簡単にレジスタの設定をすることができます．

　ところで，GRA は 16 ビットのレジスタなので，最大でも 65 535 までしか設定できません．65 535 を設定したときの時間間隔は 0.542 µs × 65 535 = 35.536 ms で，これが設定できる最長の時間です．たとえば，100 ms という時間間隔は直接には作ることができません．33 ms を作って 3 回数えるという操作が必要になります．

　上記の 33 ms の設定をして，もし a が 1 の場合は 33 ms 経過したということなので別に用意したカウンタに 1 を足します．カウンタが 3 になったら 100 ms（正確には 99 ms）です．

例題 5.1

タイマWを用いて33msの周期でフラグを立て，I/O 演習ボード上のポート5に接続されている赤色 LED を一斉に点滅させてみます．

図5.7にサンプルプログラムを示します．

最初に init という関数でイニシャライズをしておきます．赤色 LED が接続されたポート5は，PCR5 に 0xff を書いて全ビット出力に設定します．また，PDR の初期値を0にして，LED は全部消灯しておきます．タイマWは，CKS, CCLR, GRA でコンペアマッチの周期を 33 ms に設定し，CTS ビットに1を書いてタイマをスタートします．

main 関数は永久ループにして，IMFA フラグが立つたびに PDR5 のデータを全ビット反転します．PDR5 の初期値が0（全ビット 0）なので，全ビット反転すると0xff（全ビット 1）になり，赤色 LED は全部点灯します．また，IMFA フラグを忘れずにクリアしておきます．

```
/*******************************************************************/
/*      ハードウェアタイマ（TW）で 33ms の時間間隔を生成し          */
/* ポート5に接続された赤色 LED を点滅させる                         */
/*                      for H8/3664F                                */
/*******************************************************************/

#include "iodefine.h"                /* ヘッダファイル取込          */
void init (void);                    /* プロトタイプ宣言            */

void main (void)
{
    init ( );                        /* ポートイニシャライズ        */

    while (1)                        /* 無限ループ                  */
     {
        if (TW.TSRW.BIT.IMFA == 1)   /* タイマフラグチェック        */
        {
            IO.PDR5.BYTE = ~IO.PDR5.BYTE;/* ポート5のデータを反転   */
            TW.TSRW.BIT.IMFA = 0;    /* IMFA フラグをクリア         */
        }
     }
}

void init (void)
{
/***********************/
/* ポートイニシャライズ    */
/*   P5:Red LED*8       */
/***********************/
```

```
    IO.PDR5.BYTE = 0x00;      /* P5 R_LED 出力データ初期化              */
    IO.PCR5      = 0xff;      /* P5 全ビットを出力に設定                 */
/*************************/
/* タイマイニシャライズ      */
/*************************/
    TW.TCRW.BIT.CKS = 3;      /* CKS=3; 0.068*8=0.54microsec/count    */
    TW.TCRW.BIT.CCLR = 1;     /* count clear when compare match       */
    TW.GRA = 60886;           /* 0.54misrosec * 60886 = 33ms          */
//  TW.TIOR0.BYTE = 0;        /* TW をコンペアマッチで使用する（初期値） */

    TW.TMRW.BIT.CTS = 1;      /* TW count start                       */
}
```

図 5.7　サンプルプログラム

演習 5.1　タイマ W を用いて，200 ms の間隔で LED を点滅させる

例題では点滅の間隔が短いため，点滅というよりちらつきに見えてしまいます．例題を改造して，LED の点滅の間隔を 200 ms にしてみてください．本文中にも書きましたが，カウンタを用意して 33 ms を 6 回数えます．

演習 5.2　ポートに接続したスイッチでプログラムの流れを制御する

I/O 演習ボード上の 8 個の赤色 LED と 2 個のプッシュスイッチを使い，つぎのような動作をするプログラムを作ってください．
I/O ボードの 2 個のプッシュスイッチを使って，
・上側のプッシュスイッチを押すと，図 5.8 のように一定時間間隔で点灯位置をシフトさせる動作がスタートする．
・下側のプッシュスイッチを押すと点灯位置のシフトの動作がストップする．
・再度上側のスイッチを押すとシフトの動作が再開し，以後同じ動作を繰り返す．

```
→ L1 → L2 → L3 → L4 → L5 → L6 → L7 → L8 ┐
└─────────────────────────────────────────┘
```

図 5.8　赤色 LED の点灯位置シフト

ヒント

赤色 LED は H8/3664F のポート 5 に接続されているので，まずポート 5 に 1 を出力（L1 が点灯）してから一定時間間隔でデータを 2 倍し，点灯位置をシフトします．L8 が点灯しているとき（データは 0x80）は，2 倍するかわりに点灯を L1 に戻します．"一定時間間隔" は，タイマ W のコンペアマッチを用いて作ります．

「上側のプッシュスイッチ」というのは，ポート 7 のビット 4（以下 P74 と書きます）に接続されているプッシュスイッチで，「下側のプッシュスイッチ」は P76 のプッシュスイッチです．ヘッダファイルを使用する場合，各ポートはビット単位でもアクセスでき，P74 は

    IO.PDR7.BIT.B4

になります．

また，プッシュスイッチも含めたポート 7，8 の入出力設定はつぎのようになります．

    IO.PCR7=0x20;

    IO.PCR8=0x10;

このプログラムでは，点灯のシフトの間隔を 1 〜 10 ms にすると LED の点灯位置の移動を目で追うことができません．そこで下側のプッシュスイッチを押すと，押した瞬間の点灯位置で止まってルーレットのような動作になります．

なお，この演習では一度スイッチが押されてプログラムの流れが切り替わると，同じスイッチをもう一度押しても変化はありません．したがって，コラムで説明するスイッチのチャタリングが発生して同じ信号が繰り返し入力されても，誤動作することはありません．

コラム Column スイッチのチャタリング

機械的なスイッチは，必ずチャタリングという現象を起こすので注意が必要です．チャタリングは接点が振動して ON と OFF を繰り返す現象ですが，マイコンの動作は機械的なスイッチに比べて圧倒的に速いので，ON/OFF を繰り返している間に何回もデータを読み取ってしまいます．

プッシュスイッチでも図 5.9 のようにチャタリングを起こすので，対策をせずに使うと 1 回だけ押したつもりなのに複数回押されたと判定されてしまいます．また，押したスイッチを離すときにもチャタリングが発生して，ここでも何回か押されたと判定されてしまいます．

ハードウェアで対策するために，フリップフロップでデータをラッチする場合が多いですが，ソフトウェアで対応することもできます．対策としては，押した判定だけでなく，離した判定もセットで行うことと，スイッチのデータの判定を何回も繰り返して行い，離したというデータが連続して何回か（数十回程度）得られたらチャタリングが収束したと判断することが考えられます．

数十回というと時間がかかりそうに思いますが，ポートのデータを 1 回読みとるのに要する時間は 1 μs 程度なので，数十回読んでも 100 μs もかかりません．

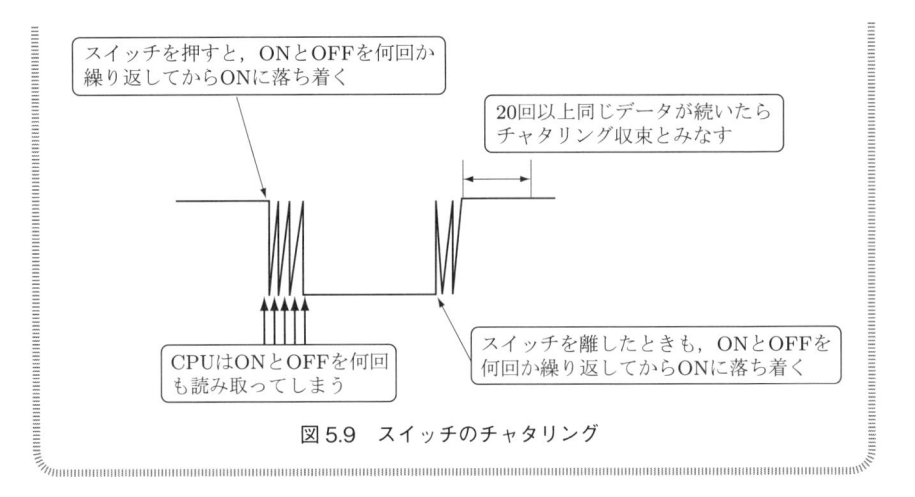

96　第5章　ハードウェアタイマ

図中のテキスト：
- スイッチを押すと，ONとOFFを何回か繰り返してからONに落ち着く
- 20回以上同じデータが続いたらチャタリング収束とみなす
- CPUはONとOFFを何回も読み取ってしまう
- スイッチを離したときも，ONとOFFを何回か繰り返してからONに落ち着く

図5.9　スイッチのチャタリング

コラム　スイッチの長押し判定

　最近よく使われるスイッチの「長押し」もハードウェアタイマの機能を使います．

　スイッチが押されたのを検出したらタイマを起動し，離されたのを検出したらタイマを停止する設定にして，タイマが起動している間に1秒経過したら長押しされたと判定して，図5.10のようにフラグを立てればよいわけです．

図5.10　スイッチの長押し判定

　長押し判定に使用するタイマは，プログラムのスタート時には設定だけしておき，起動はしません．コンペアマッチは長押しと判定する時間，たとえば1秒に設定しておきます．

　スイッチが押されてONになったのを検出したらタイマをスタートし，OFFを検出したらタイマを停止してTCNTをクリアします．スイッチを押している間にコンペアマッチを検出した場合は長押しと判断して，長押しの処理に入ります．図5.11は長押し判定の原理です．

　ただし，タイマによって作ることができる時間間隔の最大値が決まっていて，

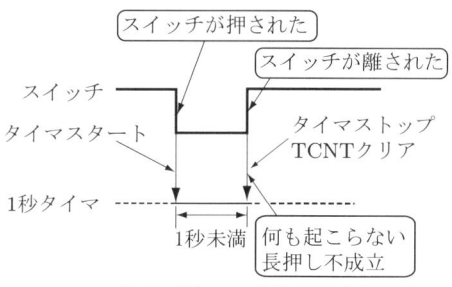

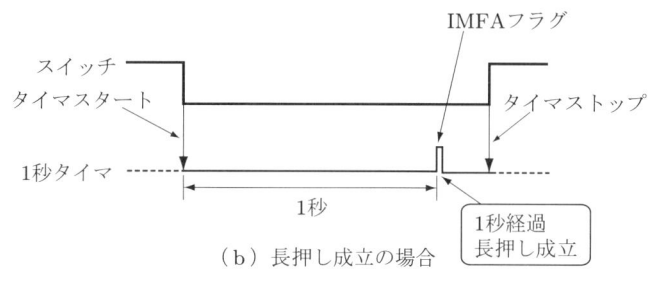

図 5.11　長押し判定の原理

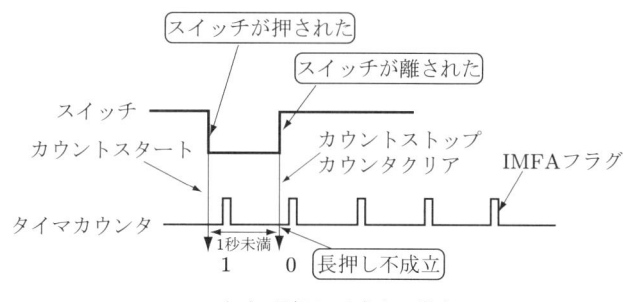

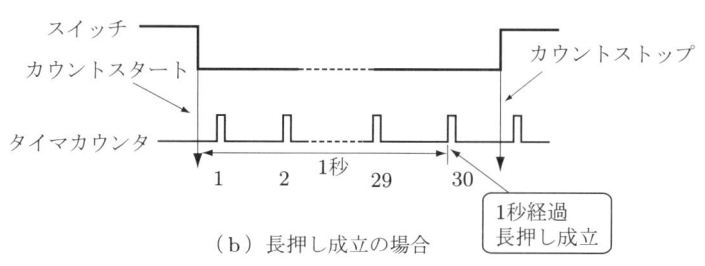

図 5.12　1秒が設定できない場合の長押し判定

単純な設定では1秒が作れない場合があります．特に，H8/3664Fのようなローコストのマイコンでは，タイマの機能が限られている上に本数も少なく，ほかの目的と兼用にせざるを得ません．そのような場合は，図5.12に示したように，たとえば33 msという時間間隔を作り，プログラムでフラグを30回カウントしたら1秒とするなどの工夫が必要になります．

高機能のマイコンではタイマの本数も多く，また，1秒以上が設定できるタイマをもっているものも多くあります．高機能マイコンSH7145FのCMT（コンペアマッチ専用のタイマ）は，1秒以上の時間間隔を作ることができます．

「一定間隔」をいくつもの機能で使う場合は，1 msなどの区切りのよい時間で割込をかけてglobal変数をカウントアップし，これをシステムタイマとして使う手法があります．

システムタイマをもっている場合の長押し判定は，スイッチが押されたときにシステムタイマのカウント値を取得し，スイッチが押され続けている間はタイマのカウント値を繰り返し取得して，最初のカウント値との差が1秒を超えたら長押しと判定することで実現できます．

5.2 PWM信号発生機能

一定周期で繰り返されるパルス列のパルス幅を，外部からの信号で変化させて信号伝送や制御に用いる手法をPWM（Pulse Width Modulation；パルス幅変調）と呼びます．

PWM信号は，コンペアマッチ機能を応用して作ります．ジェネラルレジスタに二つの設定値を用意して，片方でパルス列の周期を決め，もう片方でパルスの幅を決めます．

この節では，マイコンでPWM信号を発生させる手法を説明します．

5.2.1 PWM信号とは

図5.13に示すように，PWM信号でLEDを点灯させるときに，矩形波のhighの期間を変化させるとhighの時間だけLEDが点灯するので，見かけ上，実効電圧を変化させたのと同じ効果を得ることができます．パルス列の繰り返し周期に対するhighの期間の比をデューティ比と呼びますが，PWM信号はパルス列のデューティ

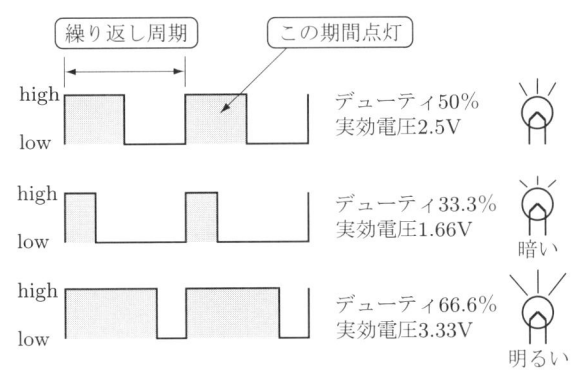

図 5.13　PWM 信号

比を制御することができる信号です．

H8/3664F に内蔵されたタイマでは，タイマ W とタイマ V が PWM 信号を発生することができます．

5.2.2　PWM 信号の作り方

タイマ W で PWM 信号を生成するときは，図 5.14 に示すように GRA と GRB に設定された値の比でデューティ比が決まります．PWM 信号の繰り返し周期は GRA のコンペアマッチで決まります．

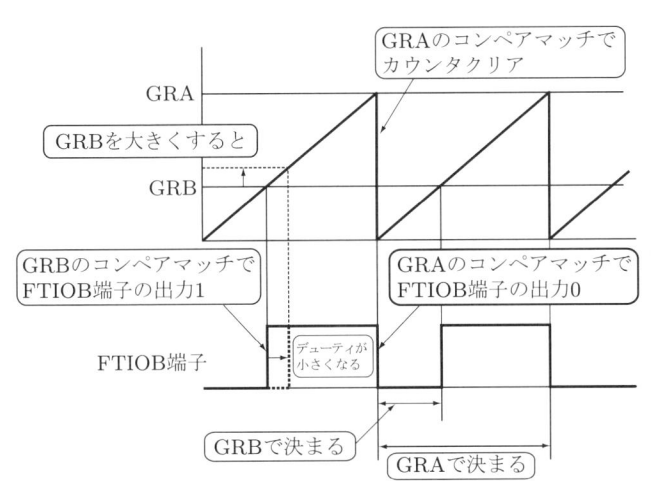

図 5.14　ハードウェアタイマによる PWM 信号発生

[設定の手順]

(1) タイマ W を PWM 出力で使う設定

タイマモードレジスタ TMRW の PWMB ビットで，つぎのように PWM モード B に設定します．

```
TW.TMRW.BIT.PWMB=1;
```

ポート 8 のビット 2 を FTIOB 端子に切り替える必要がありますが，この設定は (3) の出力設定で同時に行われます．

(2) タイマクロック設定

PWM 信号の繰り返し周期は GRA のコンペアマッチで決まるので，5.1.2 項で説明したコンペアマッチと同様の設定をします．ここでは 5 ms の繰り返し周期を作ることにして，タイマ用クロックはシステムクロックの 1/2（CKS の設定は 1）とします．

```
TW.TCRW.BIT.CKS=1;
TW.TCRW.BIT.CCLR=1;
```

(3) コンペアマッチ時の出力設定

例題 5.1 などでは，マイコンの内部の信号だけで処理していてタイマの出力端子は使いませんでしたが，PWM 信号を使うには端子に信号を出力する必要があります．

タイマコントロールレジスタ TCRW の TOB ビットで，GRA, GRB それぞれのコンペアマッチで FTIOB 出力が 1/0 どちらに変化するかを設定します．マニュアルでは，「PWM の動作説明」の項に説明がありますが，TOB ビットには，コンペアマッチ A が成立したときの FTIOB の出力を設定します．

図 5.14 では B で 0 から 1 へ，A で 1 から 0 へ変化させているので，つぎのように設定します．

```
TW.TCRW.BIT.TOB = 0;
```

(4) ジェネラルレジスタの初期値設定

GRA の設定値とクロックの設定で PWM 信号の周期が決まります．5 ms の繰り返し周期にするためには，5.1.2 項のときと同様にシステムクロックを基に計算して，GRA に設定する値は 5 ms ÷ $(0.0678\,\mu s \times 2)$ = 36873 になります．

```
TW.GRA = 36873;
```

つぎに GRA と GRB の比でデューティが決まるので，デューティ比を 50% にするには GRB には GRA の 1/2 の値を設定します．

```
TW.GRB = 18436;
```

(5) カウンタスタート

イニシャライズが終了したら，タイマカウントをスタートさせるためにつぎの設定をします．

```
TW.TMRW.BIT.CTS = 1;
```

演習 5.3 PWM による調光装置

　PWM 信号で LED を点灯し，デューティ比を変えて明るさを制御してみましょう．図 5.15 のボードを使って，タイマ W の出力端子（FTIOB 端子）に PWM 信号を出力し，接続された白色 LED の明るさを制御するプログラムを作ります．

　ボードの回路構成は図 5.16 のとおりで，出力された PWM 信号で LED に直列に入れたバッファを高速で ON/OFF し，低損失で調光する仕組みです．図 5.15 のプッシュスイッチは P80 と P81 に接続されています．

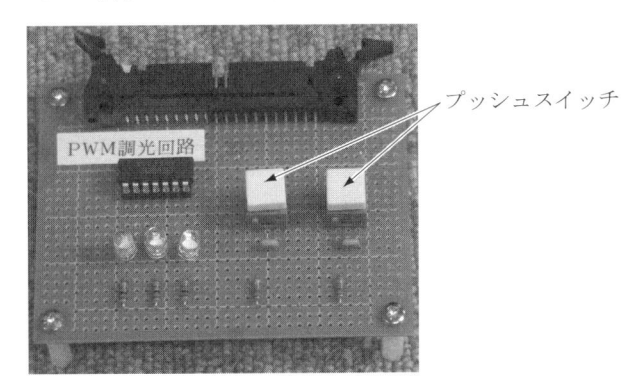

図 5.15　PWM 実験回路　PWM 回路

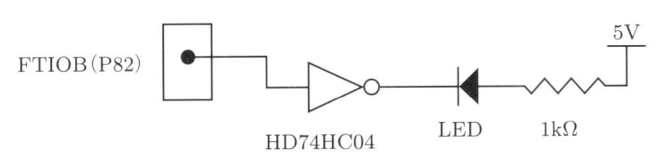

図 5.16　タイマ出力に接続された LED

　信号が high（5V）の間だけ LED が点灯しますが，クロックが速ければ人間の目には点滅は感知されないので，デューティ比に従った明るさで連続点灯しているように見えます．

　タイマクロックは，下限は目で見て点滅が感知されない範囲（10 ms 以下），上限は CMOS のバッファがスイッチングできる範囲（0.1 μs 以上）にすればよく，あまり厳密な設定は不要です．今回の演習機材は，CPU クロックが 14.7456 MHz なので，タイマクロックの設定はシステムクロックの 2 分の 1 でよいでしょう．GRA を 0xffff にすると，このときの点滅の周期は，約 9 ms になります．

　デューティ比を固定にすると明るさの変化がわからないので，PWM 調光ボード上

に2個のプッシュスイッチを設けて，片方のスイッチを押すと明るくなり，もう片方のプッシュスイッチを押すと暗くなるようなプログラムを考えてください．スイッチが押されるたびにPWM信号のデューティ比を変化させてやれば実現できますが，たとえば，プログラムがスタートしたときはデューティ比を50％とし，スイッチが押されるたびにデューティ比が10％ずつ増減するようにGRBの値を書き換えるとよいでしょう．

この場合はスイッチがONになった回数で明るさの変化が決まるので，チャタリングの対策が必要になります．

5.3 時間間隔を測定するインプットキャプチャ機能

ハードウェアタイマを走らせておいて，外部から電気信号が入力された瞬間のカウンタの値を読みとるのがインプットキャプチャ機能です．図5.17のように，パルス列の一つ目のパルスでストップウォッチをスタートして，二つ目のパルスでストップウォッチをストップすると二つのパルスの時間間隔を測定することができますが，インプットキャプチャ機能を使うと，ハードウェアタイマをこのストップウォッチとして使うことができます．

この節では,時間間隔を測定するインプットキャプチャ機能の使い方を説明します．

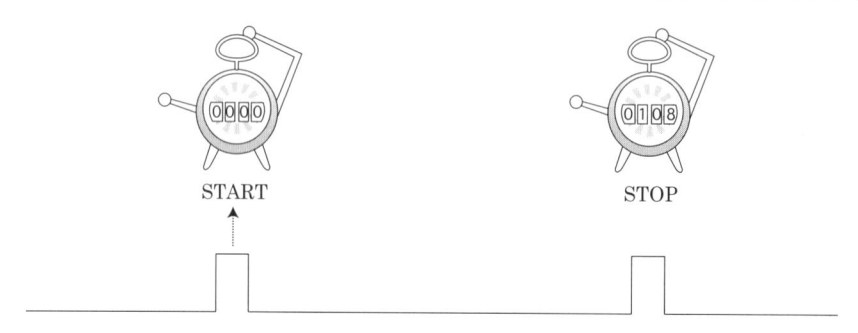

図5.17 時間間隔を測るインプットキャプチャ

5.3.1 インプットキャプチャとは

図5.18にインプットキャプチャ機能の動作を示します．

タイマW用の入出力端子FTIOAを入力に設定し，この端子にパルス列を加えて

5.3 時間間隔を測定するインプットキャプチャ機能　103

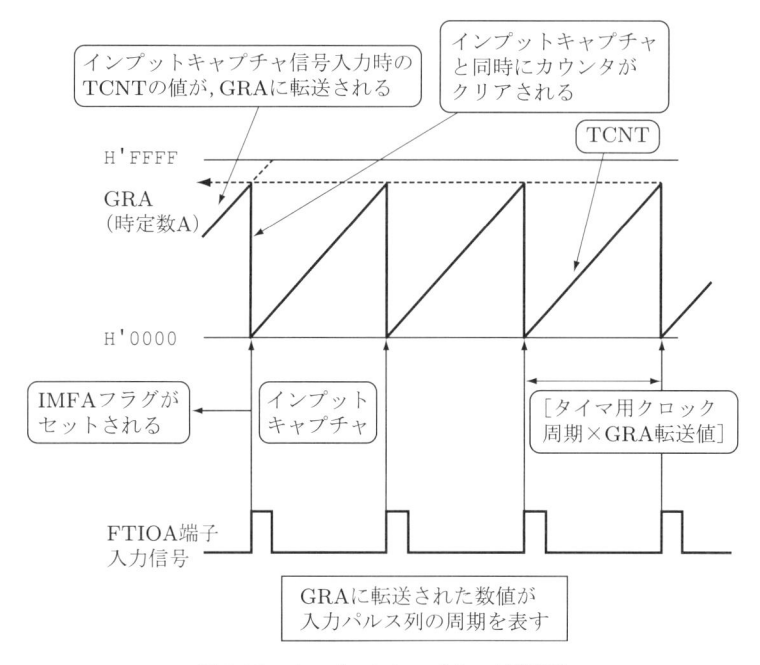

図5.18 インプットキャプチャの説明図

インプットキャプチャ機能の設定をすると，パルスが入力するたびに TCNT のカウント値が GRA に転送されます（"インプットキャプチャが成立した" といいます）．このように，外部からの信号で TCNT のカウント値を GRA に転送する機能がインプットキャプチャ機能です．

図5.18で，インプットキャプチャの動作を説明します．FTIOA に入力されたパルス列のパルスの立ち上がりでインプットキャプチャが成立します．このとき，ハードウェアが IMFA フラグを立てるのはコンペアマッチの場合と同じです．IMFA フラグが立つと同時に TCNT がクリアされる設定にしておくと，一つ目のパルスによるインプットキャプチャの成立と同時に TCNT がクリアされて 0 からカウントを始めます．二つ目のパルスでインプットキャプチャが成立すると，一つ目のパルスから二つ目のパルスまでの間にカウントした値が GRA に転送されます．そこで，GRA の値を読みとると，二つのパルスの時間間隔が ［タイマのクロック周期］ × ［GRA の値］の形で得られることになります．インプットキャプチャの成立は IMFA を読むことで知ることができますが，毎回 IMFA をクリアすればこの動作は繰り返され，連続してパルスの間隔を測定することができます．

H8/3664F のようなローコストマイコンでは，インプットキャプチャと同時にカウンタをクリアする機能をもっていないものもあります．その場合は，プログラムでイ

ンプットキャプチャを検出し（IMFAを読む），フラグが立ったらカウンタをクリアする文を書いておく必要があります．正確な測定が必要なときは，第7章で説明するIMFAによる割込を使うこともできます．

インプットキャプチャの使い道の例として，DCモータのフィードバック制御があります．図 5.19，5.20 に示すように，モータから得られる速度パルスの時間間隔を測定し，別のタイマのPWM周期に反映してモータを駆動することによって，モータの回転数によるフィードバック制御をすることができます．

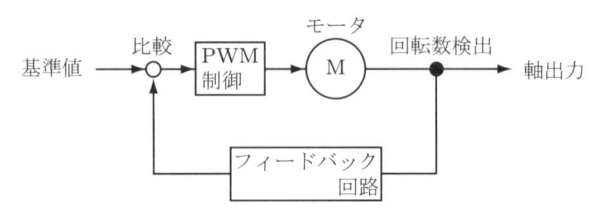

図 5.19　モータのフィードバック制御

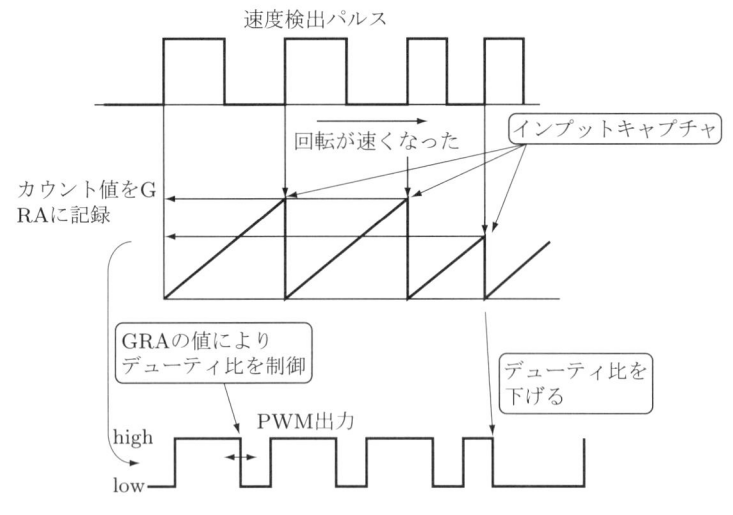

図 5.20　インプットキャプチャによるPWM制御

モータの回転軸に回転数を検出するためのパルス発生器を取り付け，そのパルス発生器の出力をハードウェアタイマに入力すると，インプットキャプチャ機能でパルス列の周期を測定することができます．モータの回転が速くなるとパルス発生器から得られるパルス列の周期は短くなり，回転が遅くなると周期が長くなります．そこでもう一つタイマを用意してPWM信号を出力するように設定し，測定した周期が長くなったらPWM信号のデューティ比を大きくするとモータの回転が速くなり，測定した周期が短くなったらデューティ比を小さくするとモータの回転が遅くなります．

5.3 時間間隔を測定するインプットキャプチャ機能　105

これで図5.19のループが完成しました．具体的にはインプットキャプチャで得られたジェネラルレジスタの値に係数をかけてPWMのデューティ比を決めるジェネラルレジスタに転送します．係数はフィードバックループのループゲインの設計で決まります．

5.3.2 インプットキャプチャ機能の設定例

図5.21に，タイマをインプットキャプチャ機能に設定する例を示します．

この設定で入力されたパルスの間隔（パルス列の周期）がGRAに記録されるようになるので，GRAの値を変数に転送すれば測定値を知ることができます．モータ制御のように高速で正確な処理が必要な場合は，割込を使用する必要があります．

```
TW.TCRW.BIT.CKS = 3;            /* システムクロックを 8 分周          */
TW.TIOR0.BIT.IOA = 4 ;          /* FTIOA 入力の立ち上がりでキャプチャ */
TW.TMRW.BIT.CTS = 1 ;           /* TW のカウントスタート              */

while (TW.TSRW.BIT.IMFA!=1) ;   /* キャプチャ待ち                     */
    TW.TCNT=0;                  /* H8/3664F はインプットキャプチャで   */
                                /* TCNT をクリアする設定をもっていない */

    TW.TSRW.BIT.IMFA=0;
```

図 5.21 インプットキャプチャの設定例

Column コラム　内蔵機能のよび方について

マイコンの内蔵機能にはメーカーによっていろいろな名称が付けられていますが，なかには同じメーカーでも機種ごとに異なる名称になっているものがあって戸惑います．

ルネサステクノロジのマイコンでは，高機能ハードウェアタイマにITUとMTUという二種類の名称が付けられていますが，マニュアルを見る限りでは機能に差はないようです．さらにH8/3664Fでは同じ機能のタイマがタイマWと呼ばれています．

名称には開発するときの考え方が入っているのでやむを得ないとは思いますが，せっかくマイコンごとに異なるアセンブリ言語を使わずにどのマイコンでも共通のC言語でプログラムが書けるのに，マイコンの機種が変わるとハードウェアマニュアルをていねいに読み直さなければならないのは残念な気がします．メーカーには，作る立場ではなくて使う立場で名称をつけることを検討していただければと思います．

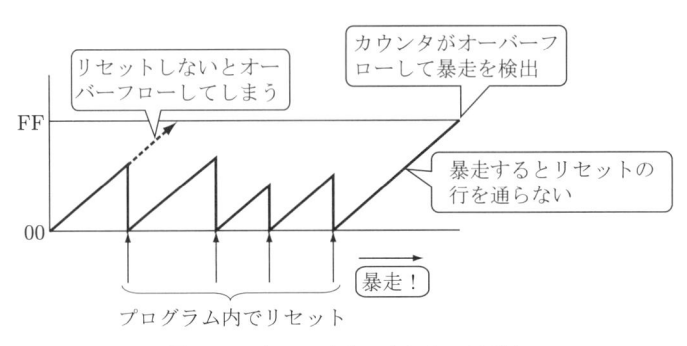

5.4 プログラムの暴走を検出するウォッチドッグタイマ

ウォッチドッグタイマ（WDT）は，プログラムの暴走を検出する目的で用意されているハードウェアタイマで，普通はオーバーフローするとシステムをリセットするように作られています．ウォッチドッグというのは番犬のことで，プログラムの暴走を見張っているわけです．

図 5.22 に示すように，プログラム内の要所要所にウォッチドッグタイマのタイマカウンタをリセットする行を入れておくと，プログラムが正常に動いているときにはカウンタがそれぞれの行でリセットされるため，オーバーフローは発生しません．しかし，プログラムが暴走などで予定外の実行状態になると，リセットする行を通らなくなるため，オーバーフローが発生してリセットがかかります．割込要求の電気信号を発生して，エラー処理を行うことができるマイコンもあります．

ウォッチドッグタイマは，システムリセットにつながるため，容易には設定が書き換えられないようになっているものが多いようです．マイコンの機種ごとにウォッチドッグタイマの使用方法が異なるので，ハードウェアマニュアルをきちんと読むことが必要です．

たとえば，SH7145F の場合は，ヘッダファイルにはウォッチドッグタイマの項目がないため，ポインタ変数でタイマカウンタのアドレスを指定する必要があります．さらに 8 ビットのタイマカウンタをクリアするためには，0x00 ではなく 0x5a00 というデータを書き込んではじめてクリアされるように作られています．

なお，今回取り上げている H8/3664F では，ウォッチドッグタイマも簡略化されていて，ヘッダファイルに WDT の項目が用意されているので，ほかのタイマと同様に扱うことができます．

図 5.22 ウォッチドッグタイマの原理

第6章 その他の内蔵機能

　組込みマイコンには，I/Oポート，ハードウェアタイマのほかにもいろいろな機能が内蔵されています．機種により内蔵機能の構成は異なりますが，CPUを介さずに主メモリ内のデータ転送ができるDMA，仮想記憶をサポートするためのMMUなどがあります．

　この章では，その中でも特に使用する機会が多い，A/D変換器と直列通信ポートを取り上げます．

6.1　マイコンにアナログ信号を入力するA/D変換器

　ディジタル信号のかたまりのようなマイコンに，アナログ信号を入力できるのは不思議な気がしますが，機器の制御に使われているセンサの多くはアナログ素子で，アナログ信号が扱えることは重要な機能です．

　この節ではA/D変換器の使い方を説明します．

6.1.1　A/D変換器

　A/D変換というのは，入力のアナログ電圧の大きさに応じたディジタルデータを発生させる仕組みです．入力がアナログ電圧の0V～5Vの間で変化する場合, 10ビットのA/D変換器では，この5Vの間を10ビットで表現できる1 023段階に等分して，

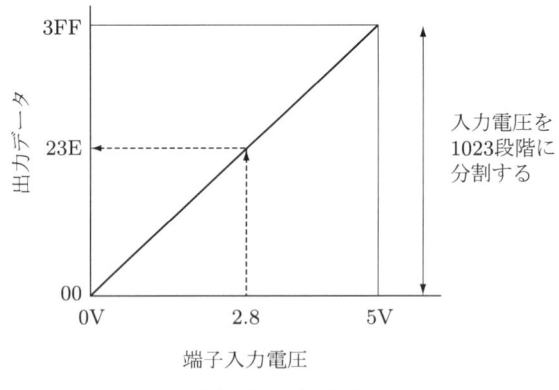

図 6.1 A/D 変換

図 6.1 に示すように 0 V では出力が 0，5 V では 1 023（0x3FF）になるように割り当てます．たとえば，入力が 2.8 V であれば

$$2.8 \times \frac{1023}{5} = 572.88$$

となりますが，変換結果は整数なので 10 進数では 572（16 進数では 23E）がマイコンに入力されます．

H8/3664F に内蔵されている A/D 変換器は，ルネサステクノロジの上位機種でも使われているもので，変換時間が 10 μs 以下という高速な変換器です．

6.1.2 A/D 変換器の初期設定

H8/3664F は 10 ビットの A/D 変換器を内蔵しています．ポート B は入力専用になっていますが，このポートの端子は図 6.2 に示すように A/D 変換器の入力端子にも接続されていて，ディジタル信号とアナログ信号の両方を入力することができます．端子機能の切替は必要ありません．

入力端子はポート B と兼用で 8 本あります．同じ端子ですが，アナログ入力として使う場合は AN0，ディジタル入力（I/O ポート）として使う場合は PB0 というよ

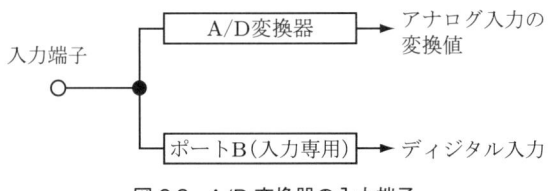

図 6.2 A/D 変換器の入力端子

うに呼び方を変えています．

初期値は8本の端子のうちAN0（PB0と兼用）がA/D変換器に接続されているので，普通に使う場合は，AN0にアナログ電圧を入力すれば初期設定なしでそのまま変換できます．

変換は内部で1ビットずつ順次変換しているため，マイコンのクロック周波数に依存しますが，初期値では約130クロック，高速モードで約70クロックの時間を要します．

6.1.3　A/D変換結果の読み取り

[A/D変換器の使用方法]

A/D変換器の動作は，ADコントロール/ステータスレジスタ（ADCSR）で設定します．

(1)　A/D変換器は1チャネルなのに対して入力が8本あるので，どの入力をA/D変換器に接続するかをつぎのように設定します．初期値はAN0です．

```
AD.ADCSR.BIT.CH=0;      /* AN0を選択（初期値なので設定不要）*/
```

(2)　変換スタートビットをつぎのように1にします．

```
AD.ADCSR.BIT.ADST=1;    /* 変換スタート                    */
```

(3)　変換終了ビットがつぎのように1になるのを監視し，

```
while (AD.ADCSR.BIT.ADF!=1);/* A/D変換終了まで待つ         */
```

変換が終了したら変換結果を変数に取り込みます．

```
ad0=AD.ADDRA;           /* 変換結果を変数ad0に転送         */
```

(4)　その後，変換終了フラグ（ADF）をつぎのようにクリアして，つぎの変換に備えます．

```
AD.ADCSR.BIT.ADF=0;     /* 変換終了フラグクリア            */
```

ADFが立つと同時につぎのように割込要求信号を発生することもできます．

```
AD.ADCSR.BIT.ADIE=1;    /* 割込許可                        */
```

とくに高速変換が必要な場合は，ADCSRのCKSビットをつぎのように1にすると高速モードを選ぶことができます．

```
AD.ADCSR.BIT.CKS=1;     /* 高速モード                      */
```

例題 6.1

乾電池の電圧を測る電圧計を作ってみましょう．

図3.10のマザーボードでは，ポートB用に10ピンのコネクタを設けてあります．

```
            ●────── AN0(PB0)
                              乾電池へ
            ●────── GND
```

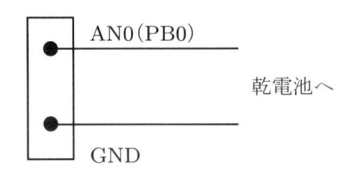

図 6.3　A/D 変換器への入力

図 6.3 に示すように，10 ピンコネクタの AN0 端子から線を引き出して，測定用の端子にします．

A/D 変換器は入力が 0 V のときに 0x000，基準電圧（5 V）に等しいときを 0x3ff とした 10 ビットで表現しています．ただし，出力レジスタは 2 バイト（16 ビット）なので，上位 10 ビットに変換結果が格納され，残りの下位 6 ビットは 0 になっています．

ここでは，乾電池の電圧をそのまま A/D 変換器に入力してみましょう．この場合の分解能は，5 V/1024 ≒ 0.05 V になります．

得られたデータを電圧に換算し，10 進数の 1 の桁，小数点以下 0.1 の桁，0.01 の桁に分割して液晶表示器に表示します．

図 6.4 に A/D 変換器の操作手順と，得られたデータを各桁に分解して液晶表示器に表示するプログラム例を示します．

```c
/* A/D 変換器の初期化 */
    AD.ADCSR.BIT.CH=0;                /* AN0 を選択（初期値） */
/* A/D 変換           */
    AD.ADCSR.BIT.ADST=1;              /* 変換スタート         */
    while (AD.ADCSR.BIT.ADF!=1) ;     /* A/D 変換終了まで待つ */
    ad0=AD.ADDRA;                     /* 変換結果を転送       */
    AD.ADCSR.BIT.ADF=0;               /* 変換終了フラグクリア */
    ad0=ad0 >> 6;                     /* 下位 6 ビット分シフト */
/* 表示用データ作成   */
    adi=100*5*ad0/0x3ff;              /* 整数で扱うために 100 倍 */
    disp1=adi/100+0x30;               /* 1 の桁を求める       */
    disp2=(adi%100) /10+0x30;         /* 小数点以下 1 桁目    */
    disp3=(adi%100) %10+0x30;         /* 小数点以下 2 桁目    */

    lcd_clear () ;
    lcd_disp (disp1) ;
    lcd_disp (0x2e) ;                 /* 小数点               */
    lcd_disp (disp2) ;
    lcd_disp (disp3) ;
```

図 6.4　A/D 変換器に入力された電圧を測定して液晶表示器に表示する

この例文を使って電圧計のプログラムを作ってみてください．

液晶表示器に文字を表示するためには，図 6.4 のほかに，液晶表示器を初期化する

ためにあらかじめ lcd_init 関数を実行しておく必要があります．lcd_disp，lcd_init，lcd_clear の各関数は巻末の付録に記載してあります．

6.2 直列通信ポート

　直列通信の代表例はパソコン用の RS-232C ですが，組込みシステムの中で複数のマイコンが使われていて，その間のデータのやりとりに直列通信が使用されるケースも増えてきました．

　バスを用いた並列データの通信と比較して，大量のデータを送受信するときも 3 本の信号線を張るだけでよいというメリットがありますが，使い方には注意が必要です．

　この節では，直列通信の信号波形と，直列通信機能の使い方を説明します．

6.2.1 直列通信とは

　マイコンと外部回路とのインターフェイスである I/O ポートでは並列のデータをやりとりしているので，8 ビットのデータの受け渡しには図 6.5 に示すように 8 本の信号線（＋グランド）が必要です．それに対し，直列通信ではデータを直列にして 1 本の信号線で送ります．実際には送信と受信の線を独立させて，グランドを加えた 3 本の線でデータの受け渡しを行います．多くのマイコンには直列通信ポート（シリアルコミュニケーションインターフェイス；SCI）が組み込まれています．

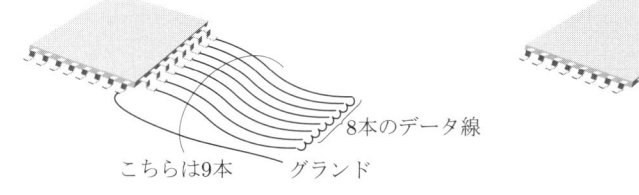

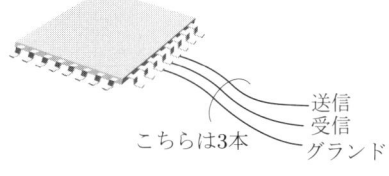

（a）並列通信（I/Oポート）　　　　　（b）直列通信（直列通信ポート）

図 6.5　並列通信と直列通信

　通信に用いる信号の形式はいくつかの選択肢があります．同期の方式，クロック，エラー検出用のパリティの有無などです．図 6.6 は信号波形の例です．

　直列通信では習慣上文字データを送ることになっていて，8 ビットまたは 7 ビット

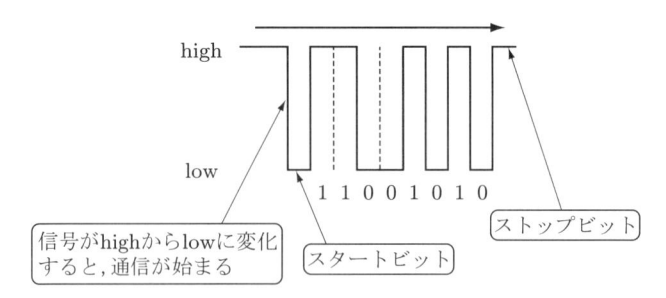

図6.6 直列通信の信号波形

信号がhighからlowに変化すると,通信が始まる
スタートビット
ストップビット

大文字の"S"(0x53)を8ビットデータ,パリティなしで送信する.0x53はバイナリデータでは 01010011 なので,これを下位ビットから順次送信すると図の波形になる.

のデータを一つのかたまりと考えます.普通使われるのはASCIIコードです.

図6.6はASCIIコード1文字分のデータになります.

スタートビットはlowと決められていて,信号がhighからlowに変化したところをスタートにして,その後に8ビットのデータ,最後にhighのストップビットが続きます.マイコンからの出力ではlowは0V,highは電源電圧です.

普通使われている調歩同期という方式ではクロックは送らず,受信側では最初に設定したビットレート(通常ボーレートとよんでいる)に相当するクロックで入力信号を解釈していきます.したがって,送信側と受信側で異なるボーレートが設定されていると正しく受信することができません.

パソコンで使われている直列通信はRS-232Cという規格で,図6.5と信号の並びは同じですが,電圧が±10V,あるいは±5Vというように,+と−が対称になるように決められています.

マイコンの出力をRS-232Cの±電圧に変換するために,MAX232という専用のICが売られています.このICを使うと+5Vまたは+3.3Vの単一電源で,マイコンの出力を±出力に変換してくれます.

よく使われる設定は,調歩同期モード,8ビットデータ,パリティなし,ストップビット=1というものです.クロックは,1秒間に送ることができるビット数で表すのが普通で,4 800〜38 400ビット/秒が使われます.

直列通信ではクロックをかなり広い範囲で設定できますが,もちろん送信側と受信側が同じクロックに設定されていなければなりません.

図6.6に示すように,受信側はhighだった信号がlowに落ちたときにこれをスタートビットと見なして,そこから自分のもっているクロックで信号を読み始めます.そして9クロック目がhighになったのを確認して1文字分の受信を終えます.もし,

9クロック目が high にならないときは受信したデータを文字として解釈することができず，フレーミングエラーというエラーになります．送信側と受信側のクロックが違う値に設定されているとフレーミングエラーを発生します．また，信号線にノイズが乗って，たまたま low レベルが発生してしまい，それがスタートビットとみなされる場合もフレーミングエラーが発生します．

また，受信側の準備ができる前にデータが到着してしまった場合は，オーバーランエラーというエラーが発生します．

Column ASCII コード

文字を表すデータの代表が表 6.1 に示す ASCII コードです．もともとは数字，アルファベットといくつかの記号を表すコードで 7 ビットのものでしたが，日本では半角のカタカナを加えて 8 ビットのコードが使われています．

表 6.1 ASCII コード

		上	位	4	ビ	ッ	ト
		2	3	4	5	6	7
下位4ビット	0		0	@	P	`	p
	1	!	1	A	Q	a	q
	2	"	2	B	R	b	r
	3	#	3	C	S	c	s
	4	$	4	D	T	d	t
	5	%	5	E	U	e	u
	6	&	6	F	V	f	v
	7	'	7	G	W	g	w
	8	(	8	H	X	h	x
	9	)	9	I	Y	i	y
	a	*	:	J	Z	j	z
	b	+	;	K	[	k	{
	c	,	<	L	¥	l	|
	d	-	=	M	]	m	}
	e	.	>	N	^	n	~
	f	/	?	O	_	o	

たとえば大文字の "T" の ASCII コードは 0x54 になります．

直列通信では，2 進数のデータでも伝送エラーのチェックがしやすいようにデータを ASCII コードに変換して送受信することが多くあります．

> **Column コラム　ボーレートとビットレート**
>
> 　一般にボーレートとビットレートが混同されているようですが，送られる信号の量を表すのがビットレートで，電気信号の速度を表すのがボーレートです．方式によってはボーレートの2倍や4倍のビットレートが得られますが，RS-232Cの場合はスタートビット，ストップビットの分を無視すれば，ボーレートとビットレートがほぼ一致すると考えてよいでしょう．

6.2.2　直列通信ポートの設定と通信の手順

(1) 直列通信用の端子を有効にする

まず，直列通信の信号を入出力するための端子を設定する必要があります．使用する端子のデフォルトはポート2になっているので，送信用の端子（TXD）はつぎのように設定して切り替えます．

```
        IO.PMR1.BIT.TXD=1;           /* P22 を TXD に切り替え       */
```

受信用端子（RXD）は，つぎに説明するSCR3レジスタの中のREビット（enable RX）を1にすると自動的に切り替えられます．

(2) 通信条件の設定

シリアルコントロールレジスタ（SCR）とシリアルモードレジスタ（SMR）に，通信の条件を設定します．よく使われる調歩同期モード，ボーレート19 200 Hz，8ビットデータ，パリティなし，ストップビット=1という条件の場合，つぎのように設定します．

```
        SCI3.SCR3.BYTE=0;            /* SCI リセットをするのと同時に */
                                     /* 調歩同期モードに設定（初期値）*/
        SCI3.SMR.BYTE=0;             /* 通信モード設定（初期値）     */
```

ここで，マニュアルの指定によりレジスタを安定させるために1ビット分の時間だけ待ちます．正確な時間は必要ないので，forループを使ったソフトウェアタイマを挿入します．

```
        for (time=0;time<1000;time++);
```

つぎに，送信動作（TX）と受信動作（RX）を動作可能にします．

```
        SCI3.SCR3.BYTE=0x30;         /* enable TX and RX            */
```

SCR3の中にクロックセレクトのビットがありますが，つぎのBRRの設定条件からシステムクロックをそのまま使用するので，設定しません．

(3) ボーレートをビットレートレジスタ（BRR）で設定

今回の演習機材の CPU クロックは 14.7456 MHz ですが，ハードウェアマニュアルには CPU クロックとボーレートから BRR の値を決めるための表が載っています．表 6.2 はその一部ですが，表中のΦは CPU クロックを表します．BRR の設定値を表で見ると，ボーレート 19200 に対して n=0，N=23 と書いてあります．

表 6.2 BRR の設定

ビットレート (bit/s)	Φ (MHZ)								
	14			14.7456			16		
	n	N	誤差 (%)	n	N	誤差 (%)	n	N	誤差 (%)
110	2	248	−0.17	3	64	0.70	3	70	0.03
150	2	181	0.16	2	191	0.00	2	207	0.16
300	2	90	0.16	2	95	0.00	2	103	0.16
600	1	181	0.16	1	191	0.00	1	207	0.16
1200	1	90	0.16	1	95	0.00	1	103	0.16
2400	0	181	0.16	0	191	0.00	0	207	0.16
4800	0	90	0.16	0	95	0.00	0	103	0.16
9600	0	45	−0.93	0	47	0.00	0	51	0.16
19200	0	22	−0.93	0	23	0.00	0	25	0.16
31250	0	13	0.00	0	14	−1.70	0	15	0.00
38400	—	—	—	0	11	0.00	0	12	0.16

n はクロック倍率を表していて，0 は CPU クロックをそのまま使用，また N は BRR に設定する値を示しています．そこでつぎのように設定します．

```
SCI3.BRR=23;          /* ビットレート 19200 @14.7 MHz    */
```

なお，14.7456 MHz というクロックは中途半端な数値に思えますが，分周を繰り返してもなかなか端数が出ないという便利な周波数で，マイコンのクロックとしてよく使われます．

ここまでの設定で，送受信の準備ができました．

(4) データ送信

送信の手順は，まずトランスミットデータレジスタ（TDR）に送信する 8 ビットデータを書き込み，シリアルステータスレジスタ（SSR）の TDRE ビットを 0 にすると送信されます．8 ビット分の送信が終了すると TDRE ビットは 1 になり，つぎの送信が可能になります．この手順をつぎのように実行します．t_data というのは，送信する文字（ASCII コード）を書き込んである変数です．

```
while (SCI3.SSR.BIT.TDRE!=1) ;      /* 前のデータの送信完待ち  */
SCI3.TDR=t_data;                    /* 送信データ書き込み      */
for (time=0;time<1000;time++) ;     /* 受信側とタイミングをとる */
SCI3.SSR.BIT.TDRE=0;                /* 送信開始               */
```

続けて送信するときは，TDRE ビットが 1 であるのを確認してからつぎのデータを TDR に書き込み，TDRE に 0 を書きます．しかし，受信側が準備ができる前につぎの文字を送信してしまうとエラーが発生するので，この例では短いタイマを入れて，タイミングを取っています．

(5) データ受信

受信する方は，スタートビットを受信するとハードウェアがボーレートで決められた周期でデータをレシーブデータレジスタ（RDR）に取り込み，ストップビットを受信すると SSR の RDRF ビットが 1 になります．そこでつぎの手順で受信しますが，受信動作に入る前にエラーフラグをクリアしておきます．

```
SCI3.SSR.BIT.FER=0;                 /* エラーフラグクリア    */
while (SCI3.SSR.BIT.RDRF!=1) ;      /* 受信完待ち          */
r_data=SCI3.RDR;                    /* 受信データ取り出し    */
```

RDR のデータを読み出すと RDRF ビットは 0 にクリアされますが，RDRF ビットが 1 のまま（受信の準備ができていない状態を意味する）つぎのデータを受信すると，オーバーランエラーが発生します．また，ストップビット 1 があるべき位置のデータが 0 の場合は，フレーミングエラーが発生します．

❶注意：直列通信では手順を守らなかった場合，ノイズが入った場合などは正しく送受信されず，エラーが発生します．エラーフラグが立った場合，その後はデータの送受信動作は中断され，エラー処理をする必要があります．受信側の準備ができて受信待ちの状態になってからデータを送信することが重要です．念のため，送受信を始める前にエラーフラグをクリアしておくとよいでしょう．

実機で演習するには 2 台の CPU ボードをケーブルで接続して，2 台のタイミングを取りながらデータをやりとりする必要があります．また，信号自体はハードウェアが扱っているため，エミュレータでのデバッグ作業では手探りの状態になってしまうので，オシロスコープで信号を観測しながら実験するのがよいでしょう．

筆者が実験したときには，送信側が文字データを連続して送信すると受信側が間に合わず，オーバーランエラーが発生してしまいました．送信するデータ間に短いタイマ（for ループ）を入れることで解決しましたが，他にノイズによるフレーミングエラーも経験しています．エラーが発生するとエラーフラグが立ち，フラグをクリアするまで送受信の動作ができなくなるのでデバッグ時にかなり戸惑いました．

直列通信の演習は，タイミングとノイズにシビアな実験になりますので，あせらず根気よく進めてください．

第7章 割込処理

　プログラムが進行中，急に別の作業をする必要が発生したときに，進行中のプログラムを待たせて別の作業を優先的に実行するのが割込処理です．

　割込処理に移行するきっかけはCPUの外から与えられる電気信号で，割込処理はハードウェアとソフトウェアが役割を分担して進行します．

　この章では，割込処理の仕組みと，処理の内容を記述する割込処理関数の書き方について説明します．

7.1　割込処理とは

　通常のプログラムは決められた流れに従って進行します．C言語の関数呼び出しでは，実行が別のアドレスに置かれた関数に飛びますが，それは予定された流れです．ハードウェアの動作としては，プログラムカウンタ（PC）につぎに実行する命令のアドレスが順番に与えられて，そのアドレスから命令を読み出して実行します．

　それに対して割込は，ある特定の電気信号（割込要求）が入ると，プログラムがどこを実行していてもあらかじめ決められた特定のアドレスから実行を始めます．つまり，実行中のプログラムを強制的に中断させて別の処理をさせる（割り込ませる）わけです．

　割込処理を理解する上で大切なのは，ハードウェアとソフトウェアの役割分担です．割込のきっかけは電気信号であり，その後の流れもほとんどがハードウェアの処理になります．

図 7.1 割込は緊急事態

この節では，割込処理を要求する電気信号の発生から，割込が受け付けられて処理されるまでの流れを説明します．

7.1.1 割込と例外

ルネサステクノロジのマイコンでは，「割込」という言葉より少し広い概念として「例外」という言葉も使っています．割込が CPU の外からの電気信号で引き起こされるのに対し，例外は CPU の中で発生する予期せぬ出来事です．たとえば，定義されていない機械語の命令が入力された場合などに例外が発生します．例外と割込を区別せずに使用している場合もありますが，H8 マイコンでは電気信号による割込処理に加えて，リセット信号が入力された場合とプログラムの実行中にエラーが発生した場合を合わせて例外処理と呼んでいます．

7.1.2 割込要因

割込要求の電気信号を発生させる要因は複数あり，それらを「割込要因」と呼びます．図 7.2 に示すように，内蔵機能から発生するものと，マイコンの外部から割込端子に信号が与えられて発生するものとがありますが，H8 マイコンでは前者を内部割込，後者を外部割込と呼んでいます．

表 7.1 は H8/3664F の例外，割込要因の表です．

また，割込は一つだけでなく，いくつも受け付けることができます．ただし，同一の割込が重複して受け付けられることはありません．複数の割込要求信号が入力され

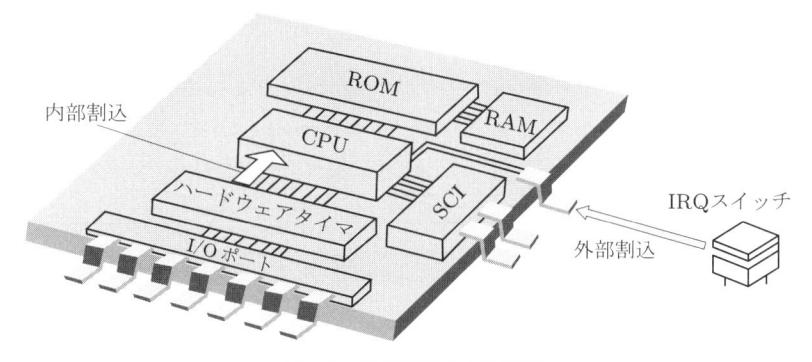

図 7.2　外部割込と内部割込

表 7.1　H8/3664Fの割込要因

(1) H8/3664Fの例外処理要因とベクタテーブルアドレス

例外処理要因		ベクタ番号	ベクタテーブルアドレス
リセット		0	H'0000 ～ H'0001
システム予約		1 ～ 6	H'0002 ～ H'000D
外部割込　NMI		7	H'000E ～ H'000F
TRAP命令（4要因）		8 ～ 11	H'0010 ～ H'0017
アドレスブレーク		12	H'0018 ～ H'0019
スリープによる直接遷移		13	H'001A ～ H'001B
外部割込	IRQ0	14	H'001C ～ H'001D
	IRQ1	15	H'001E ～ H'001F
	IRQ2	16	H'0020 ～ H'0021
	IRQ3	17	H'0022 ～ H'0023
	WKP	18	H'0024 ～ H'0025
内部割込（2）参照		19 ～ 25	H'0026 ～ H'0033

(2) 内部割込要因とベクタテーブルアドレス

割込要因	ベクタ番号	ベクタテーブルアドレス
ウォッチドッグタイマ	(0)	（リセットベクタと兼用）
タイマA	19	H'0026 ～ H'0027
タイマW	21	H'002A ～ H'002B
タイマV	22	H'002C ～ H'002D
SCI3	23	H'002E ～ H'002F
IIC	24	H'0030 ～ H'0031
A/D変換器	25	H'0032 ～ H'0033

た場合は，あらかじめ決められた優先順位に従って受け付けられます．また，マスク（拒否）することも可能です．

どの割込が要求されたかはマイコンの内部で判定され，割込要因別に異なった処理が可能です．割込処理ルーチン（関数）の先頭アドレスをベクタと呼び，アドレスマップの先頭にベクタテーブルと呼ばれるエリアが確保されていて，ここに割込処理関数の先頭番地を書いておくと，割込発生時にこの番地を読みとって実行される仕組みになっています．ここに書かれた番地のことを，実行位置を指し示すという意味で「ベクタ」と呼びます．

割込要因はマイコンの機種ごとに異なります．また，高機能のマイコンでは，このほかに割込要求の優先順位を決めるプライオリティレベルをセットするレジスタが，割込要因ごとに指定されています．詳細は各機種のハードウェアマニュアルを参照してください．

7.1.3 割込処理の手順

図7.3は，割込要求の信号が発生してから割込処理が行われるまでの手順です．

割込のきっかけは電気信号（割込要求信号と呼びます）ですが，7.1.4項で説明するように，割込要求があったら必ず割込処理が行われるわけではありません．そこでハードウェアが割込を受け付けるかどうかを判定し，受け付ける条件が整うと割込処理関数を呼び出します．割込処理関数のアドレスは，割込の要因ごとにベクタテーブ

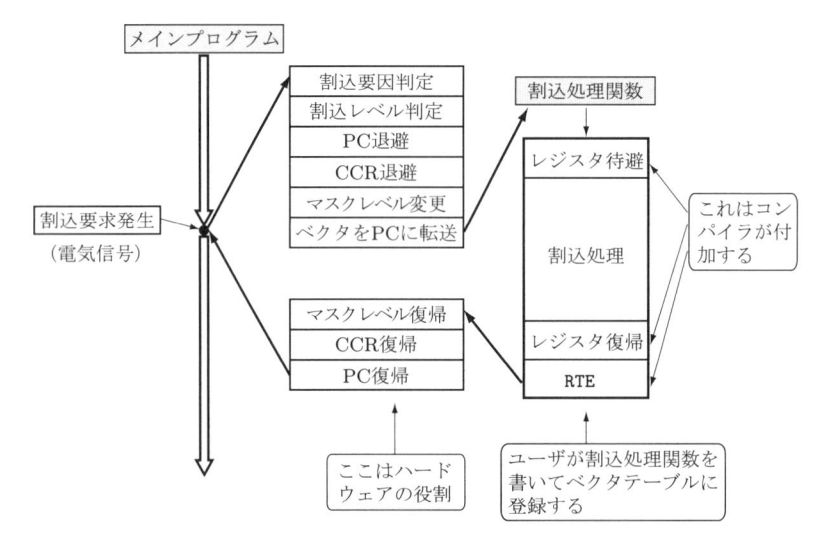

図7.3 割込発生時のプログラムの流れ

ルに登録されています．

7.1.4 割込要求が受け付けられる条件

　割込要求の信号が入力されても，その割込が受け付けられるとは限りません．割込が入っては困るときには，ユーザが割込をマスク（拒否）することができます．
　一般的には，マイコンには各種の割込要求に順位を付ける「プライオリティレベル」と，割込を受け付ける側の条件の「割込マスクレベル」というものが用意されていて，この二つのレベルの組合せで割込要求を拒否したり，複数の割込要求に順位をつけたりします．割込マスクレベルはCPU内に1個だけ設定され，プライオリティレベルは割込要因ごとに設定できるのが普通です．どちらもプログラムの進行中に書き換えて，条件を変更することができます．割込マスクレベルはCPU内のコントロールレジスタに設定され，プライオリティレベルは内蔵機能制御用レジスタ群の中に専用のレジスタが用意されています．
　設定できるレベルの数（段階）はマイコンの機種によって異なりますが，普通プライオリティレベルと割込マスクレベルの段階数は等しく，3段階，8段階，16段階などがあります．割込が受け付けられる条件は

> 割込マスクレベル　＜　プライオリティレベル

です．
　一般に，7.1.2項で述べたように，同じ割込が重複して受け付けられない仕組みが用意されていて，ある割込要求が受け付けられると，割込処理中はその割込要因に設定されていたプライオリティレベルと同じレベルに割込マスクレベルが臨時に引き上げられます．もし，割込処理中に同じ割込要求が発生しても，前記の不等式が成立しないため，2回目の割込要求は受け付けられません．
　図7.4は，マスクレベルが4に，プライオリティレベルが6に設定されている場合のマスクレベルの動きを示したものです．
　ただし，今回取り上げているH8/3664Fは，コストダウンのために割込マスクレベルは2段階，つまり受け付けるか，受け付けないかだけの設定です．割込マスクビットが用意されていて，このビットが1の場合は割込要求はマスクされ，このビットをクリアすると割込が受け付けられます．また，プライオリティレベルは用意されていませんが，同時に電気信号が発生した場合などに順位を付ける必要がある場合は，表7.1の上にいくほど順位が高いという約束になっています．
　プライオリティレベルのかわりに各割込要因ごとにイネーブルビット（割込要求許

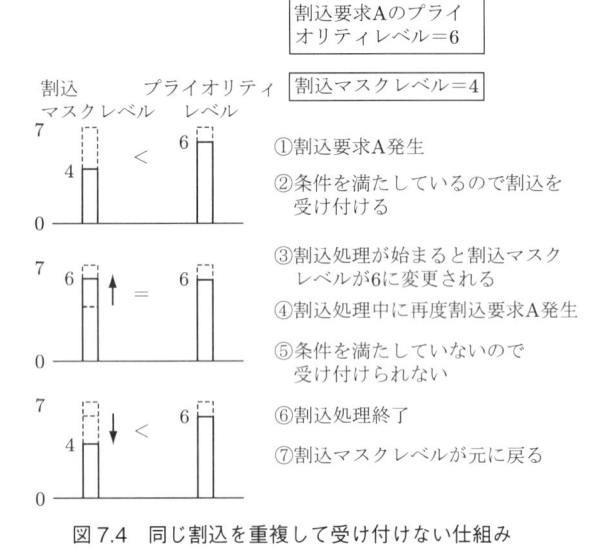

```
                    割込要求Aのプライ
                    オリティレベル=6

       割込    プライオリティ  割込マスクレベル=4
     マスクレベル    レベル
    7
          4       6       ①割込要求A発生
                <          ②条件を満たしているので割込を
    0                        受け付ける

    7                       ③割込処理が始まると割込マスク
          6       6           レベルが6に変更される
                =          ④割込処理中に再度割込要求A発生
    0                       ⑤条件を満たしていないので
                               受け付けられない

    7                       ⑥割込処理終了
          4       6       ⑦割込マスクレベルが元に戻る
                <
    0
```

図 7.4 同じ割込を重複して受け付けない仕組み

可ビット）が用意されていて，割込要求信号を発生するか，しないかという設定になります．

H8/3664F では，割込処理中は割込マスクビットがセットされて，他の割込は受け付けられません．

ほとんどのマイコンに NMI 割込（Non Maskable Interrupt；マスクできない割込）というものが用意されています．文字どおり，割込マスクレベルの設定ではマスクできない割込要求で，非常停止スイッチのように，どんな場合でも受け付けられなければならない割込に使用します．

7.1.5 ベクタテーブル

入力された割込要求信号に対して割込を受け付ける条件が整うと，図 7.5 のように，ベクタテーブルに従って割込処理関数が呼び出されます．

たとえば，IRQ0 の端子に接続されたスイッチが押されて IRQ0 の割込要求信号が入力されると，ハードウェアは 001C 番地を見にいって，そこに書かれているアドレスから割込処理の実行を始めます．タイマ W から割込要求信号が発生した場合は，同様に 002A 番地に書かれているアドレスから割込処理が実行されます．どの要因から割込要求があったかは，ハードウェアが判定しますが，その割込に対してどの割込処理関数を呼び出すかは，ユーザがベクタテーブルに書きこみます．

ベクタテーブルというのは，ROM の 0 番地から始まるアドレス情報のエリアです．

7.1 割込処理とは 123

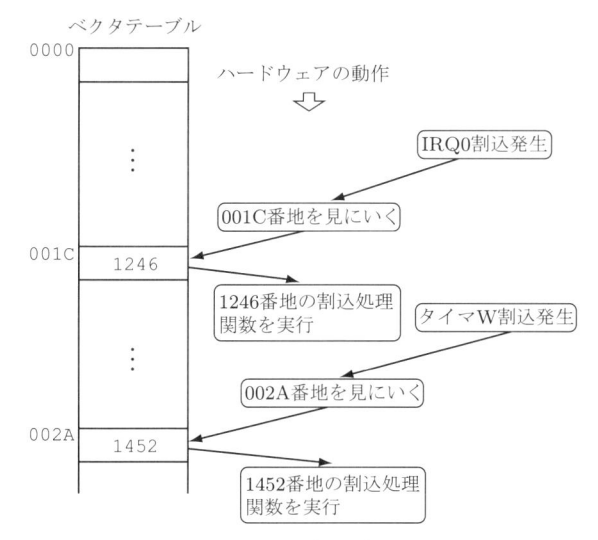

```
ベクタテーブル
0000 ┌─────────┐
     │         │  ハードウェアの動作
     │   ⋮    │       ⇩
     │         │         ┌─────────────┐
     │         │         │IRQ0割込発生 │
     │         │         └─────────────┘
     │         │    ┌──────────────────┐
     │         │    │001C番地を見にいく│
     │         │    └──────────────────┘
001C │  1246   │
     │         │  ┌────────────────┐
     │   ⋮    │  │1246番地の割込処理│    ┌──────────────┐
     │         │  │関数を実行       │    │タイマW割込発生│
     │         │  └────────────────┘    └──────────────┘
     │         │    ┌──────────────────┐
     │         │    │002A番地を見にいく│
     │         │    └──────────────────┘
002A │  1452   │
     │         │    ┌────────────────┐
     │         │    │1452番地の割込処理│
     │         │    │関数を実行       │
     │         │    └────────────────┘
```

図7.5 ベクタテーブルと割込処理関数

ユーザが割込要求の要因ごとに決められた場所に割込処理関数の先頭アドレス（ベクタ）を記入することにより，目的の関数が呼び出されます．

ベクタテーブルには先頭から番号が付けられ，それぞれ決まった位置（アドレス）に配置されています．それぞれの割込要因に割り当てられたベクタ番号とアドレスは表7.1（ハードウェアマニュアルでは例外処理要因の表）に書かれていますが，先頭の0番ベクタは第8章で説明するリセットベクタで，14番以降に各割込要因のベクタがあります．

7.1.6 ベクタテーブルの作り方

ベクタテーブルは，あらかじめROMに焼いておく固定したデータなので，C言語の定数として記述することができますが，各関数のアドレスは，リンカの作業で決まるため，ベクタテーブルを記述する段階ではわかりません．そこで，配置したい関数名をextern宣言で指定して関数名のまま記述しておくと，リンク作業の最後にリンカが決定したアドレス値に変換してくれます．

図7.6のプログラムは，H8/3664F用のベクタテーブル設定をC言語の配列として定義している例です．このファイルは，const属性を付けているので実際は定数になり，コンパイラからはCセクションに出力されますが，普通の定数とは別のアドレスに配置する必要があるので，区別するために特別なセクション名を付けておきます．

#pragmaというのは，コンパイラに対する指示をするための記述です．ここで

```
/* vect.c : H8/3664F用ベクタテーブル */

#pragma section _VECT            /* セクション名をC_VECTに設定 */
    extern void   main (void) ;
    extern void   tmrw_irq (void) ;
    extern void   irq0sw (void) ;

const void (*const vec_table[]) (void) ={
main,0,0,0,0,0,0,0,0,0,                    /* 0- 9    0:RESET */
0,0,0,0,irq0sw,0,0,0,0,0,                  /* 10-19   14:IRQ0  */
0,tmrw_irq,0,0,0,0                         /* 20-25   21:TW    */
};
```

図 7.6　ベクタテーブルの記述例

は，3.1.2 項で説明したセクションの性質を表す P，C，B の文字の後に #pragma section で指定した文字列が付けられ，セクション名を変更することができます．

この例では，セクション名は本来のセクション名 C の後に #pragma section で指定した "_VECT" が付加されて "C_VECT" になります．このセクションをリンカで 0 番地に配置すればベクタテーブルになります．

この書き方は SH マイコン用コンパイラのマニュアルに書かれている方法です．H8 マイコン用コンパイラのマニュアルには，7.2.2 項で説明する #pragma interrupt のオプションを使って割込処理関数ごとにベクタテーブルを設定する方法が書かれていますが，ここで紹介する方法の方がベクタテーブル全体を見渡すことができ，使いやすいと思います．

図 7.6 の例のように，使用する割込に対応するベクタ番号のところに 0 の代わりに割込処理関数の関数名を書きますが，この例ではベクタ番号 14 の IRQ0 割込に irq0sw という関数を，ベクタ番号 21 のタイマ W の割込に tmrw_irq という関数を登録しています．第 8 章で説明しますが，0 番のベクタには最初に実行する関数 main を登録してあります．

このファイルをコンパイルし，リンカで 0 番地に配置します．

第 3 章で説明したように，リンカは複数のファイルを結合しますが，extern 宣言があると，その関数/変数と同じ名称の関数/global 変数をほかのファイルから探し出してアドレスに変換する機能があります．

したがって，上の例のベクタテーブル内にある main，irq0sw，tmrw_irq は，実際の関数が配置されるアドレス値に書き換えられることになります．

7.1.7 割込処理と関数呼び出しの違い

図 7.3 を図 2.10 と比べると，割込処理と関数呼び出しの手順が非常によく似ていることがわかります．

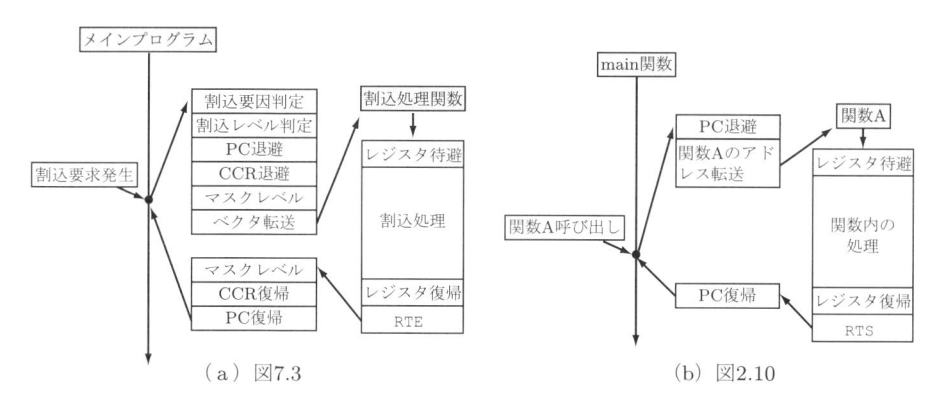

図 7.7 割込処理と関数呼び出し

どちらもプログラムの流れが分岐することは同じですが，関数呼び出しは予定された分岐であるのに対し，割込処理は予想できないタイミングで発生する分岐であるという違いがあります．

そこで，割込処理ではプログラムが分岐する前後の連続性を保証するために，CPU 内部にあるコンディションコードレジスタ (CCR) も待避します．CCR というのは，プログラムの流れを制御するための条件（直前の実行の結果が正だったか負だったかなど）を保存しているレジスタで，if 文の条件判定などで使われます．CCR の待避はハードウェアの役割ですが，割込処理終了後の復帰の操作は，割込処理関数（アセンブリ言語のレベルではサブルーチンとして扱われる）の最後に RTE (ReTurn from Exception) というアセンブリ言語の命令を付加することで行います．

アセンブリ言語では，関数に相当するサブルーチンの最後に RTS (ReTurn from Subroutine) という命令を書いて，元の呼び出した部分に戻りますが，割込処理のルーチンの最後は RTE という命令を書きます．この命令では，退避していた CCR も書き戻してから，メインプログラムの割込が発生した部分に戻ります．C 言語の普通の関数と割込処理関数の違いは，アセンブリ言語のレベルでは最後の命令が異なるだけです．

HEW を使用する場合は，7.2.2 項で説明する #pragma interrupt で指定した関数は割込処理関数として扱われ，末尾が RTE で終わるようにコンパイルされます．

7.2　C言語による割込処理の記述

第2章でも触れましたが，ANSI規格では割込処理は規定されていないため，割込処理を実現するためにはアセンブリ言語の助けが必要な部分があります．そこで，C言語だけで組込みマイコン用のプログラムを作成するために，いろいろな工夫がされています．この節では，割込処理に必要な記述について説明します．

7.2.1　割込マスクの設定方法

7.1.4項で説明した割込マスクは，CPU内部にあるレジスタに置かれています．H8マイコンではCCRの中に置かれていますが，マイコンの機種によってはステータスレジスタというレジスタ内に置かれている場合もあります．

しかし，C言語ではCPU内部のレジスタを直接操作することができません．そこで，C言語で割込処理を実現しようとする場合は，割込マスクを設定するための仕組みを作っておく必要があります．

C言語の関数呼び出しは，コンパイラによってアセンブリ言語のサブルーチンコールに変換されます．逆にアセンブリ言語で書かれたサブルーチンを，C言語から関数として呼び出すことも可能です．そこで，割込マスクレベルを変更するためには，CCRを書き換えるアセンブリ言語のサブルーチンを作って，C言語のプログラムから関数として呼び出して実行します．書き換えるレベルは引数で渡します．

図7.8のプログラムは，コンディションコード書き換え用のアセンブリ言語のサブルーチンの例です．サブルーチンの先頭に"_set_imask"というラベルが付けられていますが，このサブルーチンは，C言語からは先頭の"_"を除いた"set_imask"という関数として呼び出すことができます．

C言語から関数として呼び出せるサブルーチンを作るには，引数の受け渡しの手順などやや高度な知識が必要ですが，この関数はコンパイラに付属してくるのが普通なので心配はいりません．

HEWに組み込まれたH8マイコン用Cコンパイラには，"set_imask_ccr ()"という関数が用意されていて，"()"の中に設定する割込マスクレベル（この場合は1または0）を引数として書けばCCR内の割込マスクビットを書き換えてくれます．

```
;***************************
;   set_imask 関数の例         *
;***************************
;
        .CPU        300HA
        .EXPORT     _set_imask      ;他のファイルからの参照許可
;
        .SECTION    P,CODE          ;セクション名は P
_set_imask                          ;ラベル（関数名）を付ける
        PUSH.L      ER1
        STC         CCR,R1L
        BTST.B      #0,R0L          ;引数判定
        BEQ         CLR
SET     BSET.B      #7,R1L
        BRA         RET
CLR     BCLR.B      #7,R1L
RET     LDC         R1L,CCR         ; CCR 書き換え
        POP.L       ER1
        RTS                         ;関数終了
;
        .END
```

図 7.8　コンディションコード書き換えサブルーチンの例（アセンブリ言語）

7.2.2　割込処理関数

7.1 節で説明したように，普通の関数と割込処理関数には違いがありますが，ANSI-C では区別することができません．HEW では，割込処理関数は図 7.9 に示すように "#pragma interrupt" という記述で指定します．前にも出てきましたが，"#pragma" というのはコンパイラに指示を与えるための記述で，ここでは（　）の中に指定した関数の末尾を RTE にします．

```
#pragma interrupt(irq0sw)
void  irq0sw(void)
      {
            処理内容
      }
```

図 7.9　割込処理関数の宣言

図 7.9 の例では，"irq0sw" という名前の関数を割込処理関数に指定しています．

❶注意：" #pragma interrupt" と " #pragma section" という指定は，HEW に組み込まれた C コンパイラに固有の機能です．他のコンパイラを使う場合でも，これに相当する機能が用意されているはずなので，マニュアルを読んでください．

図 7.10 のプログラムは，ルネサステクノロジ提供のヘッダファイルを使用してタイマ W の設定をし，割込待ちにする例です．割込処理関数の内容は別に書く必要があります．

割込処理関数では，引数と戻り値は使えないので注意が必要です．割込処理関数とメインのプログラムとのデータのやりとりには，global 変数を使います．図 7.10 のプログラム例では，そのために count という global 変数を宣言しています．

```
/*********************************************/
/*   内蔵タイマによる割り込みの実験  for H8/3664F       */
/*********************************************/

#include "iodefine.h"           /* 内蔵レジスタ定義ファイル            */
#include <machine.h>            /* set_imask_ccr を使うための設定      */
void init(void);
volatile int count;             ← 割込処理関数とデータを共有
                                  するための global 変数
void main(void)
{
        init( );
        while(1)
        {
           if(count > 5)
           {
              if(IO.PDR5.BYTE == 0)              /* 赤色 LED を一斉に点滅 */
                    IO.PDR5.BYTE = 0xff;
              else
                    IO.PDR5.BYTE = 0;
              count = 0;
           }
        }
}

/******************************/
/*   内蔵レジスタの初期化        */
/******************************/
void init(void)
{
        IO.PDR5.BYTE = 0x00;    /* P5 R_LED 出力データ初期化           */
        IO.PCR5      = 0xff;    /* P5 全ビットを出力に設定             */
        IO.PCR7      = 0x20;    /* P7 入出力設定                       */
        IO.PCR8      = 0x10;    /* P8 入出力設定                       */

/************************/
/*   タイマイニシャライズ   */
/************************/
        TW.TCRW.BIT.CKS = 3;    /* CKS=3; 0.068*8=0.54microsec/count*/
        TW.TCRW.BIT.CCLR = 1;   /* count clear when compare match    */
        TW.GRA = 65000;         /* 0.54microsec * 65000 = 35.1ms     */
```

```
//      TW.TIOR0.BYTE = 0;           /* TWの端子出力禁止（初期値）      */
        TW.TIERW.BIT.IMIEA = 1;      /* コンペアマッチによる割込許可    */
                                     /* プライオリティの設定はない       */
        count = 0;                   /* 割込処理関数とのデータ交換用     */
        TW.TMRW.BIT.CTS = 1;         /* TW count start                  */
        set_imask_ccr(0);            /* 割込マスクビットクリア           */
}

/*******************************/
/*      割込処理関数            */
/*******************************/
#pragma interrupt(tmrw_irq)
void tmrw_irq(void)   ◄──────      割込処理関数には
{   割込処理関数   }                引数は渡せない
```

図 7.10 ヘッダファイルによる内蔵タイマ関係レジスタの設定例

7.2.3 その他の設定

割込処理のためには，割込マスクレベル，プライオリティレベル，ベクタテーブル，割込処理関数のほかに，割込要求の電気信号を発生させるための設定が必要です．

IRQ などの外部割込（スイッチによる割込）の場合は，マイコンの端子をポートの端子から割込入力に切り替える設定が必要です．また，図 7.11 に示すように，回路基板上にスイッチを用意してその端子に接続します．

内部割込の場合は，たとえばタイマの時間間隔などの割込要求信号を発生させる条件を設定してから，割込要求を許可するビット（イネーブルビット）を 1 にします．

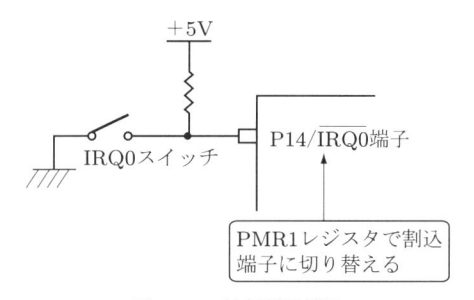

図 7.11 外部割込端子

7.2.4 C 言語による割込処理プログラム作成の手順

割込処理のために必要な手順をまとめると，つぎのようになります．
①内部割込の場合は割込条件，割込許可などを制御用のレジスタに設定．

(外部割込の場合は割込端子を使用可能に設定して結線)

②プライオリティレベル(割込優先順位)設定.

割込コントローラのインタラプトプライオリティレジスタ (IPR) に,割込要因ごとにプライオリティレベルを設定します (H8/3664F では各割込要因のイネーブルビットをセット).

③割込マスクレベル設定

コンディションコードレジスタまたはステータスレジスタ内の割込マスクビットに数値をセットすることにより,割込マスクレベルを設定します (H8/3664F では割込マスクビットをクリアすることにより割込の受付を可能に設定する).実際には, set_imask_ccr 関数を呼び出します.

④割込処理関数作成

"#pragma interrupt" で指定します.

⑤ベクタテーブル作成

ベクタはラベルを使用してリンカに決めさせることができます.この手順は第 8 章で解説します.

図 7.12 に,IRQ0 割込の場合の手順を示してあります.図中の番号は例題 7.1 の説明に対応しています.

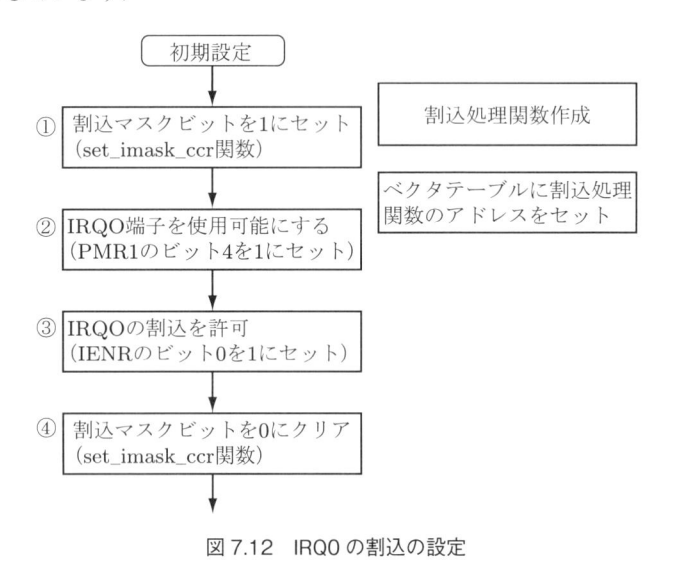

図 7.12 IRQ0 の割込の設定

例題 7.1

H8/3664F の IRQ0 端子に接続したスイッチを押したときに(割込信号が与えられ

たときに）動作する割込処理プログラムを作ってみましょう．

図 3.10 の演習装置では，マザーボード上に IRQ0 スイッチを設けてあります．
① 準備ができるまで割込がかからないようにマスクビットを設定します．
set_imask_ccr 関数を呼び出し，引数 1 を渡します（予定外の割込がかからないように CCR のビット 7 をセットしておくのが望ましいですが，初期値が 1 のため設定を省略しても支障は起きません）．
② ポートモードレジスタ 1（PMR1）のビット 4 を 1 にセットして，IRQ0 の端子を使用可能にします．
③ 割込イネーブルレジスタ（IENR）のビット 0 を 1 にセットして，IRQ0 の割込を許可します（普通のマイコンではプライオリティレベルの設定をしますが，H8/3664F ではプライオリティ設定機能がないので替わりにこの操作が必要です）．
④ IRQ0 の割込が起動するように，割込マスクビットをクリアします．具体的には set_imask_ccr 関数を呼び出し，引数 0 を渡します．

このほかに，ベクタテーブルの設定とスタックポインタの初期値設定が必要です．

図 7.13 のプログラムは，IRQ0 の割込スイッチが押されるたびにポート 5 の赤色 LED の表示が 1 ずつ加算されるサンプルプロプログラムです．

main 関数は IRQ0 の割込設定をした後，永久ループに入って何もしません．

割込処理関数では，割込スイッチが押されるたびにポート 5 の表示に 1 を加えますが，スイッチのチャタリングのため割込が複数回入ってしまいます．本来は 134 ページのコラムに書いたように，ハードウェアで対策しなければいけませんが，ここでは割込が入ることを確認する実験なので，強引ですがタイマを入れて回避しています．IRQ0 端子の状態をプログラムで読みとることができないため，ここでは第 4 章のコラムで説明したチャタリングの回避策は使用できません．

そのほかに，つぎに説明する追加の対策が必要です．

7.1.4 項で，同じ割込要因から複数回の割込要求があっても，割込処理中は同じ割込は受け付けられないと説明しましたが，実際は「拒否」ではなく「保留」です．1 回分のスイッチ入力だけはバッファ（割込フラグ）に保存される仕組みがあって，実行中の割込処理が終了すると保留されていた割込要求を受け付けます．したがって，チャタリングが発生して複数回の割込要求があった場合は，割込処理が終了するとただちにもう一回だけ割込処理が始まってしまいます．そこで，割込処理の最後で割込フラグをクリアして，たまった割込要求をクリアしています（ハードウェアマニュアルの"割込フラグレジスタ"参照）．

なお，この割込フラグは，最初の割込要求時にも立ちますが，一般のマイコンでは割込処理の開始と同時にクリアされるのが普通です．H8/300H tiny シリーズに限っ

てこの機能が省略されているので，チャタリング回避タイマを入れない場合でも，フラグクリアの行は必要です．

```
/*******************************************************************/
/*      IRQ0 動作テスト for H8/3664F                              */
/*           C 言語による割込処理（IRQ0 スイッチ使用）              */
/*******************************************************************/

#include "iodefine.h"              /* ヘッダファイル取込            */
#include <machine.h>
/* set_imask_ccrを使うための設定 */
void init (void) ;
#pragma interrupt (irq0sw)         /* 割込処理関数名宣言            */
#pragma entry main (sp=0xff80)     /* entry 関数指定                */

void main (void)
{
        init ( ) ;                 /* ポートイニシャライズ          */
        while (1) ;                /* 無限ループ                    */
}

/* ポートイニシャライズ */

void init (void)
{
        set_imask_ccr (1) ;        /* 念のため割込マスクをセット    */
        IO.PMR1.BIT.IRQ0 = 1;      /* IRQ0 端子を使用可能にする     */
        IENR1.BIT.IEN0 = 1;        /* IRQ0 割込を許可               */
                                   /* プライオリティの設定はない    */
        IRR1.BIT.IRRI0 = 0;        /* 念のため割込要求フラグをクリア */
                                   /* ハードウェアマニュアルの記述による */
        IO.PDR5.BYTE = 0x81;       /* P5 出力データ初期化           */
        IO.PCR5      = 0xff;       /* P5 を出力に設定               */

        set_imask_ccr (0) ;        /* 割込マスクフラグクリア        */
}

/* 割込処理ルーチン */

void irq0sw (void)
{
        long i;
        IO.PDR5.BYTE++;            /* 割込が入ったら表示に1加算     */
        for (i=0;i<100000;i++) ;   /* チャタリング回避タイマ        */
        IRR1.BIT.IRRI0 = 0;        /* 割込処理中に入った割込要求を  */
                                   /* 無視するためにフラグをクリア  */
}
```

図 7.13　IRQ 割込サンプルプログラム

❶注意：(1) ここでは IRQ 割込が入ることを確認するだけの実験なのでこのような強引な手段を使いましたが，チャタリング回避のタイマの間は他の処理が一切できません．実際の制御用プログラムに IRQ 割込を組み込むときには，必ずコラムで説明したハードウェアのチャタリング回避策をとってください．

(2) 割込処理のプログラムを実機で実行するには，ベクタテーブルを用意することとスタックポインタの初期値を設定することが必要です．

ベクタテーブルは，図 7.6 で説明した方法で作成してください．また，ベクタテーブルのリンクの仕方は，付録の HEW の設定方法を見てください．

サンプルプログラムでは，第 8 章で説明する entry 関数の指定でスタックポインタを設定しています．

Column 割込スイッチのチャタリング回避

第 4 章のコラムでスイッチのチャタリングの説明をしましたが，割込用のスイッチでもチャタリングが，問題になります．

図 7.14 IRQ0 スイッチのチャタリング

このような割込スイッチのチャタリングを回避するには，図 7.15 に示すようなフリップフロップを用いたハードウェアで対策する必要があります．

チャタリングは接点が微少な振動をして ON/OFF を繰り返す現象なので，この構成の場合，振動があっても距離が離れている S 接点と R 接点の間を往復することはありません．接点の振動があっても押したらリセット，離したらセットの状態になり，出力 Q にはきれいな波形が得られます．

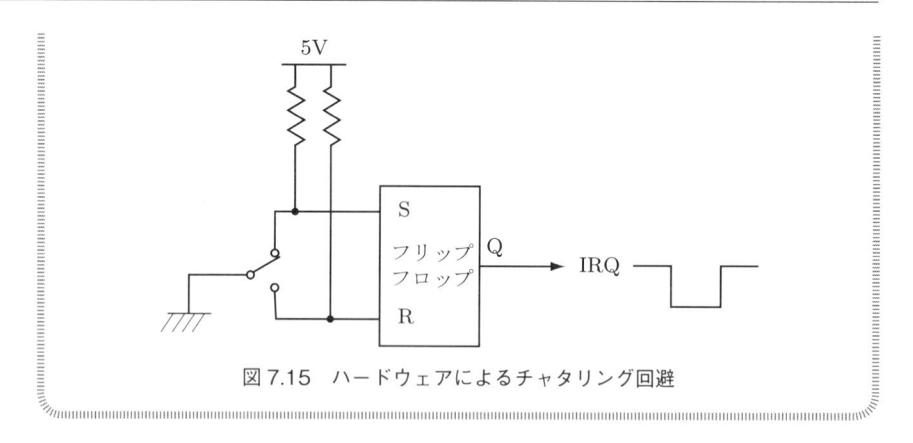

```
                    5V
                    │
                   ┌┴┐
                   │ │
                   └┬┘
                    │
      ┌─────────────┼──────┐
      │             │      │
     ─○╱○──────────┤S      │
      │            │ フリップ│  Q
     ═╧═          │ フロップ├────→ IRQ  ───┐_┌───
                  │        │
                  │R       │
                  └────────┘
```

図 7.15 ハードウェアによるチャタリング回避

演習 7.1 スイッチによる割込の実験 — 電子ルーレット —

例題 7.1 を参照して，I/O 演習ボード上の 8 個の赤色 LED とマザーボード上の IRQ0 スイッチを使って，つぎの動作をするプログラムを作ってください．

<メイン関数の動作>

・L1 ~ L8（赤色 LED）を 10 ms 間隔で下記のとおりに 1 個ずつ点灯させる．
（演習 5.2 と同じです）

┌→ L1 → L2 → L3 → L4 → L5 → L6 → L7 → L8 ┐
└───┘

図 7.16 赤色 LED の点灯位置シフト

<割込発生時の動作>

・割込スイッチが押されると，押されたときの状態（どれか 1 個の LED が点灯している）を保持してメインの動作（点灯のシフト）を停止する．
・再度割込スイッチが押されると，メインの動作を再開する．

ヒント

割込処理関数の中で同じ割込が再度発生するのを待つことはできません．また，割込処理プログラムは極力小さくする方がよいので，ここでは状態を示すフラグとして変数を用意し，そのフラグを ON/OFF します（変数に 1 と 0 または 0x00 と 0xff を交互に書く）．
メイン関数ではフラグの値を見て点灯のシフトの ON/OFF をするとよいでしょう．
割込処理関数には引数を渡すことができないので，メイン関数とフラグ（変数）を共有するには，global 変数を用います．（図 7.10 のサンプルプログラム参照）

❶注意：第 8 章で説明しますが，スタックポインタの設定は本来は C 言語ではできません．サンプルプログラムでは entry 関数を使って設定しています．また，この演習では割込を使用するためベクタテーブルが必要になります．図 7.6 のベクタテーブルのサンプルを書き換えて使用してください．

演習 7.2 タイマからの割込の実験

図7.17の手順でタイマWのコンペアマッチから割込要求を発生させてみましょう．

演習5.1を作りかえて，タイマWから33 ms間隔で割込を発生させ，6回割込が発生したら赤色LEDの点滅を切り替えます．

図7.10のサンプルに，タイマWの割込の設定が書かれていますので参考にしてください．

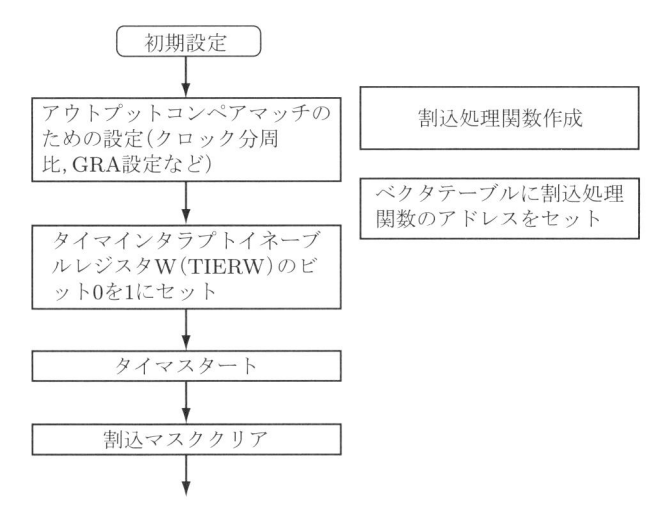

```
初期設定
    ↓
アウトプットコンペアマッチの
ための設定(クロック分周         割込処理関数作成
比, GRA設定など)
    ↓                          ベクタテーブルに割込処理
タイマインタラプトイネーブ       関数のアドレスをセット
ルレジスタW(TIERW)のビ
ット0を1にセット
    ↓
タイマスタート
    ↓
割込マスククリア
```

図7.17 タイマWを使用して一定時間間隔で割込をかける設定

ヒント

割込処理ルーチンの中でカウンタ（global変数）をカウントアップし，main関数でそのカウンタを監視してLEDの点滅を制御します．6回カウントした後でカウンタをクリアすることを忘れずに．

注意：IMFAフラグが1のままだと割込要求信号が出っぱなしになってしまいます．割込処理関数の中でIMFAフラグのクリアをする必要があります．

応用問題 タイマ割込の応用

演習7.1電子ルーレットのタイマの部分も割込にしてみましょう．

第8章 システム組込みの手順

　エミュレータなどの演習用の機材では，作成したユーザプログラムを直接実行することができますが，実際のシステム（製品）上で動作させるには，マイコンシステムにプログラムを組み込む必要があります．
　この章では，システムの構成，プログラムの組込み方法と組込まれたプログラムを起動する方法について説明します．

8.1　マイコンシステムが起動する手順

　システムの電源を入れたらプログラムが自動的にスタートするためには，システムを正しく構成してROMに書き込む必要があります．この節では，マイコンシステムが起動する手順を説明します．

8.1.1　リセット信号でシステムが起動する

　マイコンを組込んだシステムでは，電源を入れると組込まれたプログラムが実行されてシステム全体が立ちあがります．しかし，実はマイコンはただ電源を入れるだけでは起動しません．CPUも含めマイコン全体は何百万～何億個という半導体素子で構成され，電源を入れると各素子がバラバラのタイミングで動作をはじめるため，内部の論理回路が設計どおりの動作にはなりません．そこで，必ずリセット端子が用意

されていて，電源を入れて少し経ってからリセット信号を与えることで全部の回路の足並みがそろうようになっています．

図 8.1 はもっとも簡単な起動回路で，コンデンサに充電するのに時間がかかることを利用して，電源が与えられた後，少し遅れてリセット信号が発生するようになっています．

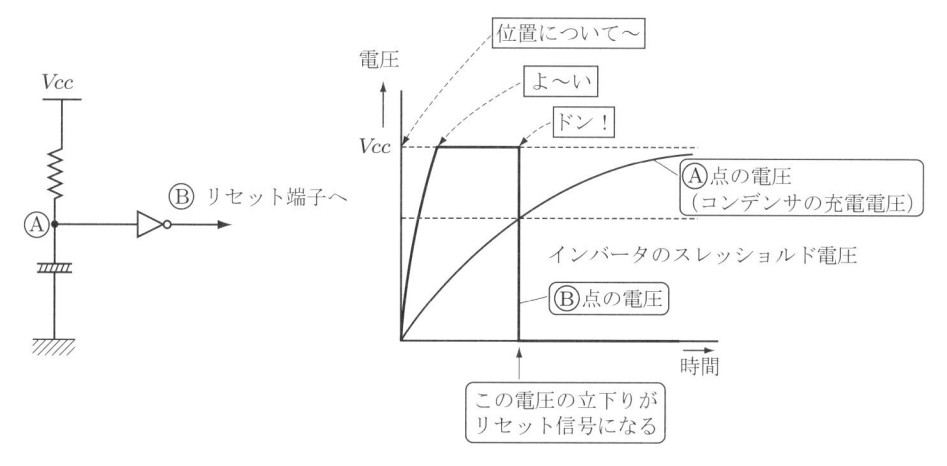

図 8.1　もっとも簡単な起動回路

8.1.2　ハードウェアの初期化

マイコンには多くのレジスタがありますが，内蔵機能を制御するレジスタは，ほとんどのものがリセット信号が与えられたときの初期値が決められています．この初期値を「デフォルト」と呼びます．このデフォルトにより，第 4 章で説明したような設定を行わなくても，I/O ポートやハードウェアタイマはよく使われる動作に設定されます．

一般的にはデフォルトは，過電流が流れたり誤動作したりすることのない状態に設定されていて，たとえば，I/O ポートは高インピーダンスになる入力の状態に，また，割込は禁止の状態です．

8.1.3　リセットベクタ

ハードウェアの準備が整ったらプログラムを起動しなければなりません．そのために，ほとんどのマイコンでは，リセット端子に信号が与えられるとメモリの 0 番地（ベクタテーブルの先頭）に書かれたアドレスからプログラムを実行するように作られて

います．ベクタテーブルの先頭をリセットベクタと呼び，第7章で説明した方法で最初に実行すべき関数をベクタテーブルに登録します．

電源が入れられてからプログラムが実行されるまでの手順は，図 8.2 のようになります．

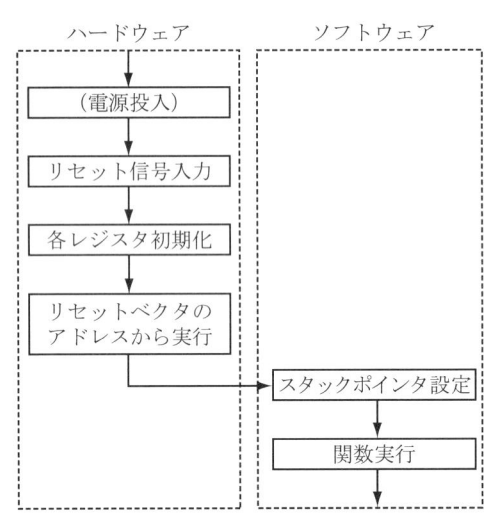

図 8.2 電源を入れてからプログラムが起動するまで

8.2 プログラムに必要なメモリ量の見積もり

マイコンシステムを構成するためには，作成した実行用のプログラム（機械語）とデータ領域のサイズを算出し，必要な量の ROM と RAM を用意しなければなりません．プログラムは ROM 領域に，プログラムの進行中に書き換える必要がある変数とスタックは RAM 領域に配置します．もし ROM と RAM の量が不足すると，プログラムが実行できないか，実行できたとしても異常な動作になってしまいます．

この節では，プログラムを実行するために必要な ROM と RAM の量を算出する手法を説明します．

8.2.1 マイコンに内蔵された ROM と RAM

シングルチップマイコンでは，ある程度の量の ROM と RAM を内蔵しているのが普通です．たとえば，H8/3664F では 32 kB のフラッシュ ROM と 2 kB の RAM を

内蔵しています．内蔵の ROM と RAM の範囲でプログラムが動作すればよいのですが，不足する場合は外部に ROM と RAM を追加する必要があります．一般に内蔵された ROM と RAM の方が外付けのものより高速にアクセスできます．

内蔵された ROM と RAM の範囲でプログラムを動作させることができれば外付けの部品が減り，また性能面でも有利になるので，極力そのような設計をすべきです．また，H8/3664F のようなローコストマイコンでは，外部に ROM と RAM を増設できないものもあります．

8.2.2 プログラムサイズの見積もり

プログラムを格納するために必要な ROM の量と global 変数，static 変数のための RAM の量については，図 8.3 に示すようにコンパイラから出力されるリストファイルの中に情報があります．この情報は，コンパイルしたファイルごとに出力されます．

リストファイルを出力するにはコンパイラのオプション設定が必要になるので，付録の HEW の操作方法を見て下さい．

```
******* SECTION SIZE INFORMATION *******

PROGRAM   SECTION (P) :          0x00000206 Byte (s)
CONSTANT  SECTION (C) :          0x00000000 Byte (s)
DATA      SECTION (D) :          0x00000000 Byte (s)
BSS       SECTION (B) :          0x00000000 Byte (s)

TOTAL PROGRAM  SECTION: 0x00000206 Byte (s)
TOTAL CONSTANT SECTION: 0x00000000 Byte (s)
TOTAL DATA     SECTION: 0x00000000 Byte (s)
TOTAL BSS      SECTION: 0x00000000 Byte (s)

    TOTAL PROGRAM SIZE: 0x00000206 Byte (s)
```

図 8.3　リストファイルの中のメモリ関係の表示

図 8.3 の SECTION（P）はプログラムの領域，（C）は定数の領域，（B）は static 変数と global 変数のための変数領域です．（D）は第 2 章で触れた初期値付き変数の初期値を格納するための領域です．（B）は RAM，それ以外は ROM に配置されます．このほかに，（D）と同じサイズの（R）領域が RAM 上に必要です．

プログラムに必要な ROM と変数領域の RAM の量は，このようにファイルごとに表示された値を単純に加算したものになります．

8.2.3 スタックの見積もり

スタックが消費する RAM の量の見積もりは，後述するようにシステムの信頼性を確保する上で大変重要な作業です．

第2章でも触れましたが，スタックはプログラムの進行とともに図8.4のように増減するので，メモリを有効に使うには最大消費量をきちんと見積もる必要があります．

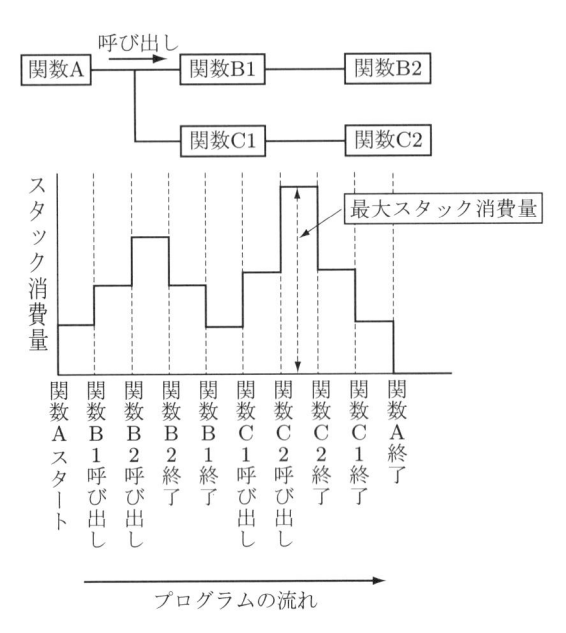

図8.4　スタック消費量の増減

スタックサイズはリストファイルの中に関数ごとに表示されています．図8.5の例は，つぎに取り上げた図8.6の例の中の，f_d122関数の情報です．

```
Function (File stack_test, Line    131): f_d122

Parameter Area Size        : 0x0000 Byte(s)
Linkage Area Size          : 0x0004 Byte(s)
Local Variable Size        : 0x000e Byte(s)
Temporary Size             : 0x0000 Byte(s)
Register Save Area Size    : 0x0000 Byte(s)
Total Frame Size           : 0x0012 Byte(s)
```

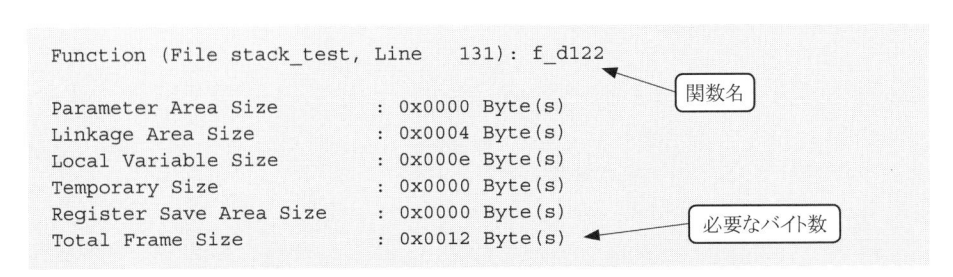

図8.5　リストファイルの中のスタック関係の表示

このリストでは，関数呼び出し，ローカル変数，レジスタ待避などに分けて表示されていますが，最後の Total Frame Size がスタック消費量の合計です．f_d122 関数では 0x12 バイト（10 進数で 18 バイト）のスタックが必要なことがわかります．

ここに表示された Total Frame Size の量をすべての関数について単純に加算すればよさそうに思えますが，スタックは関数が終了すると不要になった分が解放されて再利用されるという性質があります．実際に必要な RAM の量は，単純に加算した値よりも小さくなるのが普通です．そこでスタックのために必要な RAM の正確な量を知るには，関数の流れから最大の消費量を見積もらなければなりません．そのために使われるのが関数の呼び出し関係を示したモジュール関連図です．

図 8.6 はモジュール関連図の例です．この例はスタックの見積もりを説明するために作ったもので，やや複雑な呼び出し関係になっています．

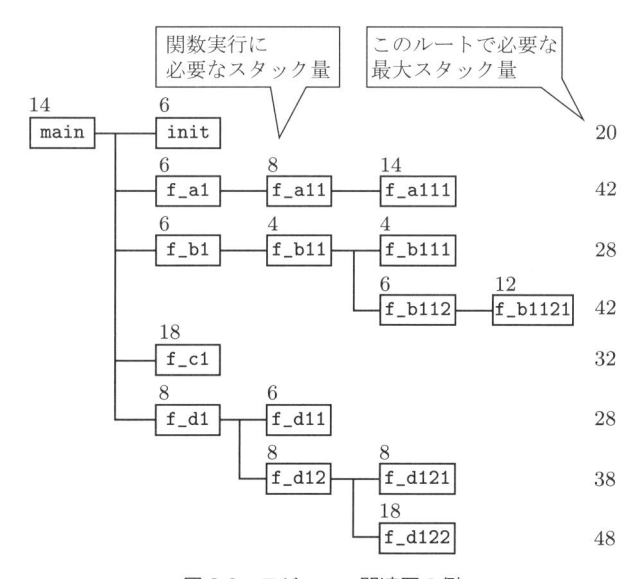

```
         関数実行に          このルートで必要な
         必要なスタック量    最大スタック量

  14      6
 main    init                              20
          6       8      14
         f_a1   f_a11   f_a111              42
          6       4       4
         f_b1   f_b11   f_b111              28
                          6      12
                        f_b112 f_b1121      42
         18
         f_c1                               32
          8       6
         f_d1   f_d11                       28
                  8       8
                f_d12   f_d121              38
                         18
                        f_d122              48
```

図 8.6　モジュール関連図の例

ここでは関数の流れを左から右に向かって書きましたが，上から下に向かった流れで表現する場合も多いようです．

図 8.6 には，各関数の左上に必要なスタック量を書き込みました．また，右端の数字はそれぞれの関数呼び出しのルートを最後までのたどった場合の最大スタック量です．この中の最大の数値をスタックのために必要な RAM の量とすることができ，この図では f_d122 関数を呼び出したときの 48 バイトが最大になります．

図 8.6 には割込処理関数が登場しませんが，割込はプログラムの流れとは無関係に発生するものなので，モジュール関連図の関数呼び出しの流れに表現することができ

ません．割込処理関数で必要なスタック量は，この図で得られた数値にそれぞれ加算する必要があります．

それでは，以上のような見積もりを行わずにシステムを構成して，スタック領域のメモリが不足してしまった場合は何が起きるでしょうか．スタックがメモリ領域からはみ出してしまった場合を「スタックオーバーフロー」と呼びますが，図8.7はスタックオーバーフローの説明図です．

スタックは第2章で説明したように，メモリのアドレス値の大きい方から小さい方に向かって使われていきます．一方，変数領域はメモリのアドレス値の小さい方から大きい方に向かって配置されています．スタックのためのRAM領域が不足すると変数領域の部分に食い込んでしまうので，global変数，static変数を書き換えてしまい，プログラムの動作に異常が起きてしまいます（図8.7（b））．さらにスタック領域が拡がると，RAMの領域を飛び出してしまうことになります（図8.7（c））．

スタックは関数呼び出しと割込処理のときに，処理が終了した後の戻り先を保存しています．もしスタックがRAM領域外に出てしまうと，関数呼び出しや割込処理の

（a）正常な状態

（b）関数呼び出しなどでスタックの使用量が増えすぎると，変数領域のデータを破壊し
⇩
プログラムが異常動作する

（c）スタックの使用量がさらに増えてRAM領域を飛び出してしまうと，関数が終了したときの戻り先がわからなくなり
⇩
暴走する

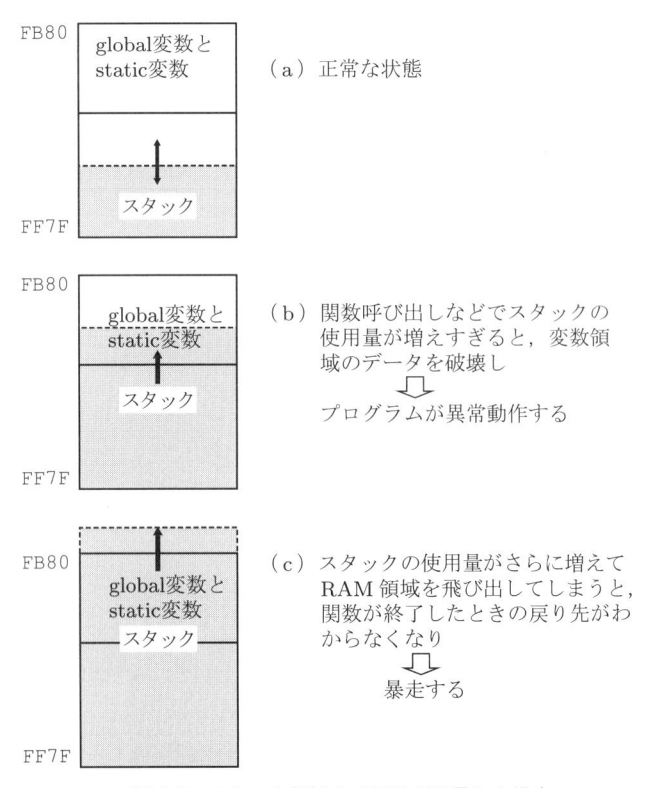

図8.7 スタック領域のメモリが不足した場合

後で戻る先がわからなくなり，プログラムが暴走してしまいます．

スタックのやっかいなところは，はじめのうちはうまく動作していても，プログラムが進行してスタックの消費量が増えたところで異常が起きることです．テレビや冷蔵庫など，電源を入れたままで使い続ける家電品などでは，長時間使い続けると不安定になるという不良が発生することがあります．

また，再帰呼び出しは，スタックにとっては危険な手法です．コラムに予想外の再帰呼び出しが発生する例を書きましたが，筆者はビデオデッキで早送りと巻戻しのボタンを交互に繰り返し押すと，何十回目かに操作を受け付けなくなる（暴走したと推定される）という経験をしたことがあります．

なお，スタックが用意されたメモリの量を超えてしまう場合でも，リンカはチェックしてくれません．消費量をきちんと見積もるのはユーザの責任になります．

Column 再帰呼び出し

C言語には，図8.8に示すように関数の中で自分自身を呼び出す「再帰呼び出し」という手法があります．大量のデータを扱うときなどに必要な手法ですが，再帰呼び出しを用いると呼び出しのたびにスタックの使用量が増え続け，使用量を見積もることができなくなります．メモリの量が限られている機器組込み用のマイコンのプログラムでは，再帰呼び出しは避けるべきです．

```
int saiki(int a,int b)
{
    int c,d,y;
        ・
        ・
        ・
    y = saiki(c,d);
        ・
        ・
        ・
}
```

自分自身を呼び出している

図8.8 再帰呼び出しの仕組み

図8.9のように，自分自身を呼び出す場合だけでなく，二つの関数が交互に相手を呼び出した場合も，二つが組みになって再帰呼び出しの形になることがあるので注意が必要です．

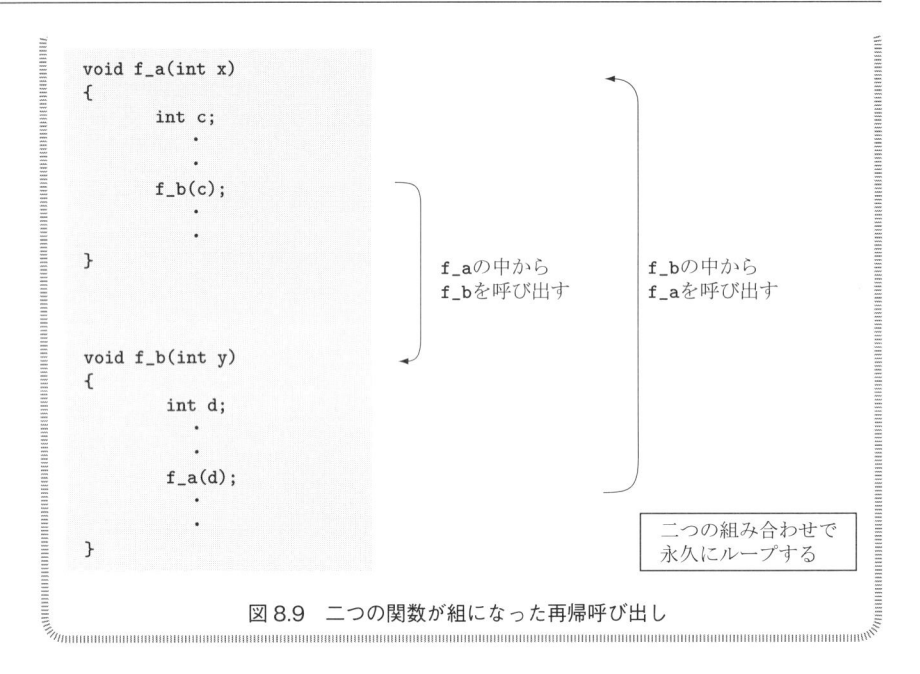

```
void f_a(int x)
{
        int c;
            .
            .
        f_b(c);
            .
            .
}



void f_b(int y)
{
        int d;
            .
            .
        f_a(d);
            .
            .
}
```

f_aの中から f_bを呼び出す

f_bの中から f_aを呼び出す

二つの組み合わせで永久にループする

図8.9　二つの関数が組になった再帰呼び出し

8.2.4　HEWのスタック使用量見積もり機能

本書で紹介しているHEWには，リンクのときに関数の呼び出し関係を解析し，スタックの使用量を見積もってくれる"call walker"という機能があります．

図8.10は"call walker"で得られた画面ですが，図8.6と比較してみてください．モジュール関連図を自動的に作成して，スタックの消費量を計算してくれているのが

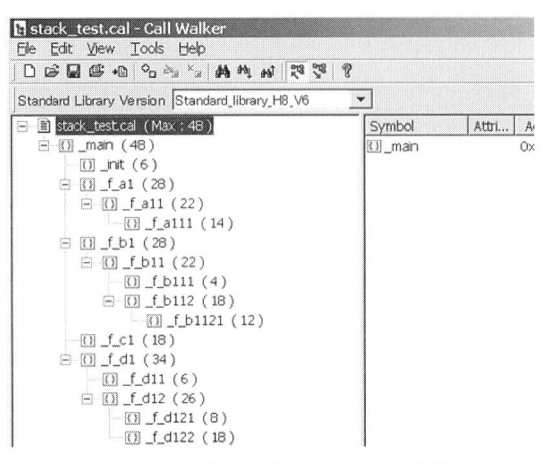

```
stack_test.cal ( Max : 48 )
  _main ( 48 )
    _init ( 6 )
    _f_a1 ( 28 )
      _f_a11 ( 22 )
        _f_a111 ( 14 )
    _f_b1 ( 28 )
      _f_b11 ( 22 )
        _f_b111 ( 4 )
        _f_b112 ( 18 )
          _f_b1121 ( 12 )
    _f_c1 ( 18 )
    _f_d1 ( 34 )
      _f_d11 ( 6 )
      _f_d12 ( 26 )
        _f_d121 ( 8 )
        _f_d122 ( 18 )
```

図8.10　call walkerによるスタックの見積もり

わかります．ただし，かっこの中に表示されている数字は個別の関数のスタック消費量ではなく，その関数内で呼び出す関数でのスタック消費量も含めた必要量の数値です．main 関数での必要量は 48 バイトで，図 8.6 と一致しています．

"call walker" を使うには，リンカのオプションで "スタック情報出力" を指定しておく必要があります．詳しい使い方は付録をみてください．

8.3　スタート用のデータ作成

第 2 章で，スタックはスタックポインタが指しているアドレスを基準にして使われることを説明しました．C 言語で作成したプログラムを起動するときには，プログラムの起動に先立ってスタックポインタを設定する必要がありますが，スタックポインタは CPU 内部のレジスタであるため C 言語では設定できません．

この節では，スタックポインタの設定方法を説明します．

8.3.1　スタックポインタの設定

ユーザプログラムを実行するには，システムの電源が投入されたときに目的のプログラムが起動される仕組みが必要です．8.1 節で最初に実行される関数をリセットベクタに登録することを説明しました．しかし，それだけでは関数を起動することはできません．

図 8.11 は，第 2 章で説明した関数呼び出しの手順です．C 言語では関数を呼び出すときにはスタックが必要ですが，最初に実行される main 関数も例外ではありません．コンパイルした段階で，レジスタ待避と変数宣言でスタックを使用するように機械語に翻訳されています．したがって，リセットベクタに登録された main 関数を呼び出す前にスタックポインタの設定をしておかないと，main 関数の先頭にあるスタックへの書き込みがエラーになってしまいます．

マイコンの一般論としては，スタックを必要としないアセンブリ言語でスタックポインタの初期値を設定するスタートアップルーチンを書いてリセットベクタに登録し，main 関数はスタックポインタを設定した後で呼び出す必要があります．

しかし，C 言語が広く使われるようになってきたため，アセンブリ言語を使わなくてもプログラムを起動できるようにいくつかの工夫がされています．たとえば，SH マイコンでは，表 8.1 のようにリセットベクタのつぎ（0004 番地）にスタックポイ

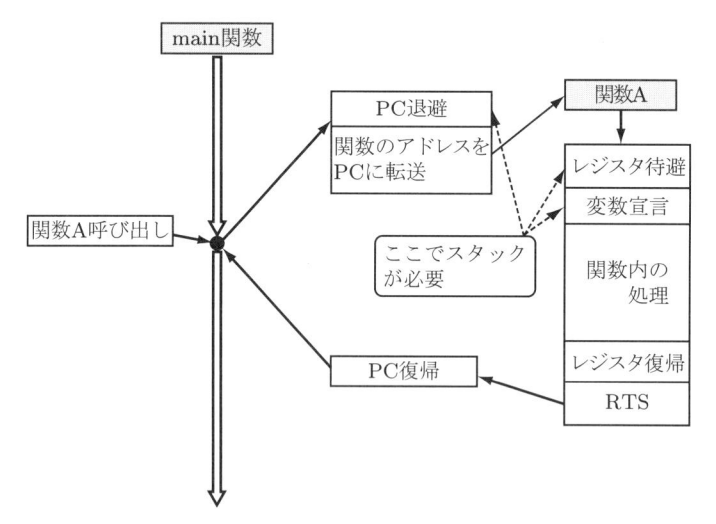

図8.11 関数呼び出しの手順とスタック

表8.1 SHマイコンのベクタテーブル先頭

ベクタNo.	名称		ベクタテーブルアドレス
0	パワーオンリセット	プログラムカウンタ	00000000 〜 00000003
1		スタックポインタ初期値	00000004 〜 00000007
2	マニュアルリセット	プログラムカウンタ	00000008 〜 0000000B
3		スタックポインタ初期値	0000000C 〜 0000000F

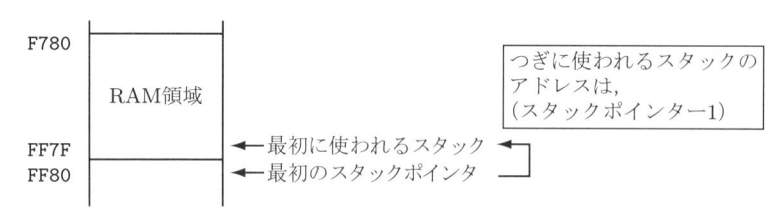

図8.12 スタックポインタと次に使われるスタック領域の関係

ンタのテーブルが用意され，電源が入ったときにテーブルのアドレスがスタックポインタに転送されるようにハードウェアが作られています．表7.1のH8の場合と比較してみてください．

また，H8マイコンでも，最新のコンパイラでは，entry関数という仕組みを導入していて，entry関数は先頭にスタックポインタを設定するアセンブリ言語の行が付加されて，関数本体の開始前に実行されます．

2.3.1項で説明したように，スタックポインタは「つぎに使うスタックのアドレス

値 +1」を指しています．RAM 領域を有効に使うために，スタックポインタの初期値には「RAM 領域の最終番地 +1」を設定するのが普通です．H8/3664F の内蔵 RAM の最終番地が FF7F なので，図 8.12 に示すように初期値は FF80 にします．

図 8.13 の例は，H8 マイコンで main 関数を entry 関数に指定し，スタックポインタを FF80 番地に設定する例です．

なお，entry 関数はスタックを使用しないですむように，図 8.11 の PC 待避やレジスタ待避をしないので，終了してしまうと戻り先がわからなくなって暴走します．必ず永久ループにしてください．

```
#pragma entry main(sp=0xff80)    ← C 言語での設定
          ⇓
  MOV.W         #-128,R7         ← min 関数の先頭にこの行が付加される
                                   (-127 = 0xff80)
```

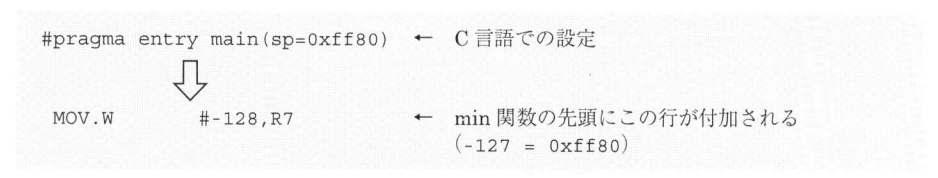

図 8.13　entry 関数の指定

❶ **注意**："#pragma entry" という記述は HEW 固有の機能です．他のコンパイラを使用する場合は，これに相当する機能をもつものと，もたないものがあるのでマニュアルをよく読んでください．この機能をもたないコンパイラの場合は，アセンブリ言語でスタックポインタを設定する必要があります．

8.3.2　エミュレータでの実行と実プログラムの違い

ここまでの演習では，スタックポインタの設定をせずにプログラムを実行してきました．これはエミュレータがスタックポインタの初期値を設定してくれていたからです．

E8 エミュレータの場合，マイコン内の ROM にプログラムを書き込んだ状態でデバッグを行うため，エミュレータでの実行とシステムに組み込んで独立で実行する場合の差は大きくありません．しかし，リセットベクタとスタックポインタが設定されていない場合は，それぞれ 0800，FF80 という値を設定して実行します．

HEW で実行プログラムを作成した場合は，オプションでアドレスを変更していない限り P セクションは 0800 番地からロードされます．したがって，リセットベクタあるいはリンカオプションの entry point を設定していなくても，ファイルの最初に書かれた関数から実行されます．割込を使用しない場合は，ベクタテーブルなしでも動作します．

ロボットを製作した場合などは，E8 エミュレータでのデバッグが終了したらインターフェイスの 14 ピンコネクタを抜けばそのまま自律動作をさせることができます

が，そのときはベクタテーブルとスタックポインタが適切に設定されていることが必須になります．

8.3.3　ROMへの書き込み

ここまで説明した手順で実行用のプログラムがパソコン上で完成したら，マイコンに内蔵されたROMに書き込む必要があります．

E8エミュレータでは，実機のROMの0番地からベクタテーブルとプログラムを書き込んだ状態でデバッグをしています．したがって，ベクタテーブルとスタックポインタが正しく設定されていれば，デバッグが終了した時点でコネクタを抜いてパソコンと切り離し，電源を入れ直せばそのまま動作します．

フルスペックエミュレータやRAMに転送して実行するタイプのエミュレータでは，正しいアドレスでリンクし直してからROMライタでマイコン内のROMに書き込む操作が必要になります．

第4章から第8章まで，マイコンの内蔵機能を使うためのプログラムの書き方と，できあがったプログラムを実機上で動作させる手順を説明してきました．

これで付録に示す機材を使ってプログラムを動かす準備ができましたので，皆さんの手で実際に演習問題をマイコン上で動かし，また，マイコンを使ってロボットなどの機材を制御してみてください．

付録 1

ソフト開発ツール

ここでは，第3章で解説した開発環境の使い方をまとめました．入手方法などは付1.3節にまとめてあります．

付 1.1　ルネサステクノロジ製統合開発環境 HEW

　HEWはコンパイラ，リンカのほかにアセンブラ，ソースファイルを書くためのエディタ，デバッグ用のインターフェイスを統合したソフトで，一度起動すれば組込みマイコン用プログラム開発のすべての作業をこなせるように作られています．つぎに説明するE8エミュレータとも連携しています．

　大きくはワークスペースという単位で仕事をしますが，ワークスペースごとに専用のフォルダが作られ，その中のプロジェクトがひとまとまりのプログラムを表します．

　この節では，プロジェクト作成からビルドまでの手順を説明します．

　以下の説明は筆者の手許にあるバージョン（ver. 4.01.00，コンパイラはver. 6.01.00）の画面です．バージョンが変わると画面が少し異なる場合がありますが，使い方は同じです．

付 1.1.1　HEW のプロジェクト設定

（1）起動すると付図1.1の画面が出て，最初にワークスペースの作成を求められます．

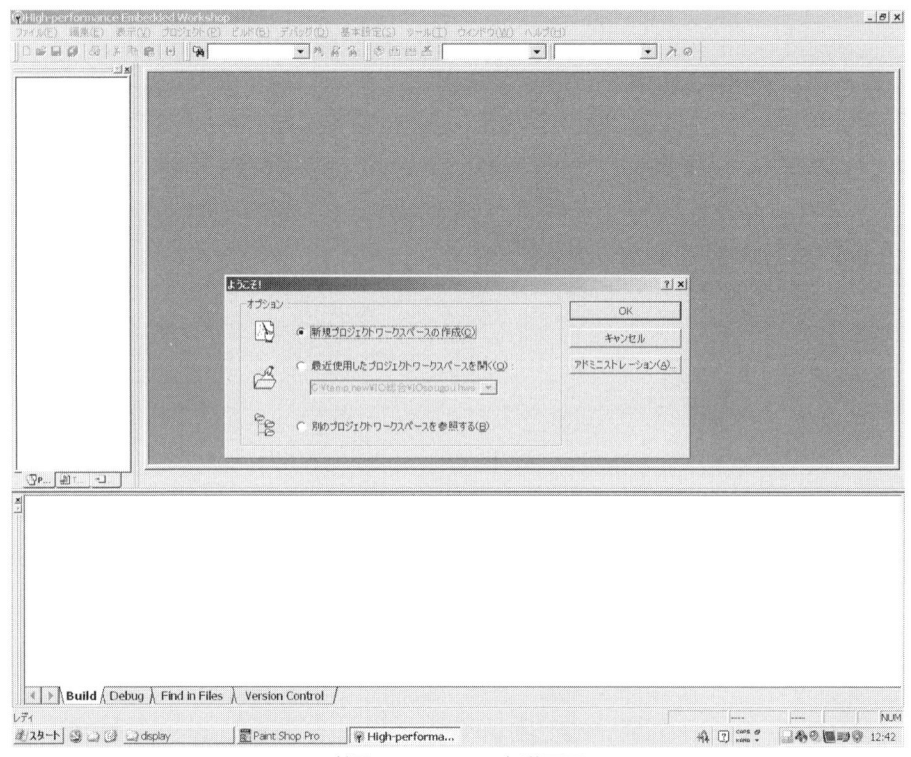

付図1.1 HEWの起動画面

ワークスペースというのは，マイコンに組み込むひとかたまりのプログラム（プロジェクト）に対し，入れ物を用意するようなものだと考えて下さい．

ワークスペースはそれぞれ専用のフォルダが必要です．演習を始める前に，自分のパソコンの演習用フォルダの中に新規ワークスペース用のフォルダを作っておいて下さい．

（2）新規ワークスペースの作成

付図1.1の画面では，ワークスペースとプロジェクトの名称を入力し，ワークスペースを置くフォルダを選びます．

① ワークスペース名：ここでは"H8_test"と付けています．サブフォルダ名に反映されます．

② プロジェクト名：ワークスペース名と同じものが自動で設定されますが，変更してもかまいません．

> ❶注意：プロジェクト名には全角文字は使用できません．また，半角カナ文字はトラブルの原因になるので，全体を通して使用しないで下さい．

③ ディレクトリ：プロジェクトを置くフォルダ名を入力しますが，あらかじめ用

意したフォルダを，"参照"で選ぶこともできます．ワークスペースごとに専用のフォルダが必要です．ここでは"c:¥temp¥H8_test"と付けていますが，プロジェクト名に一致させる必要はありません．
④ CPU種別は"H8S,H8/300"，ツールチェインは変更しません．

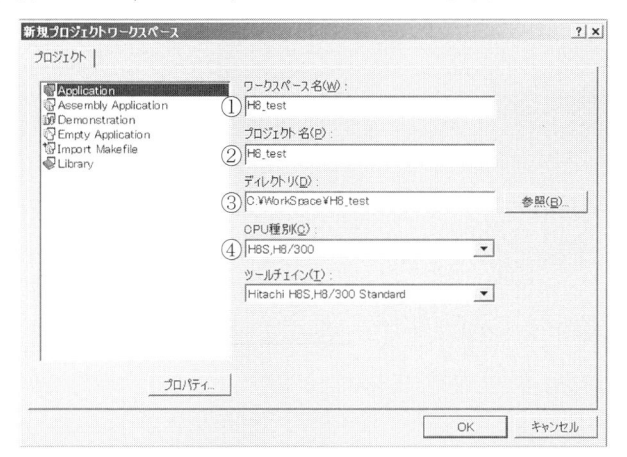

付図1.2　ワークスペース用フォルダの指定

(3) CPUの設定

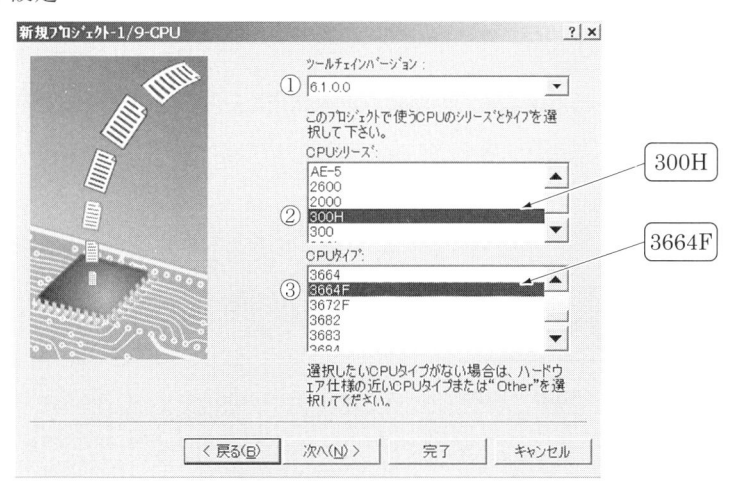

付図1.3　CPUを選ぶ

この画面では，使用するマイコン名を選びます．
① ツールチェインバージョン：インストールされているコンパイラのバージョンが表示されているので変更しません．
② CPUシリーズ：H8マイコンのグループに属するシリーズ名が表示されてい

るので，使用するマイコンの属するシリーズを選びます．H8/3664F は 300H シリーズです．
③　CPU タイプ："3664F" を選びます．自動生成されるヘッダファイルに影響するので，間違えないようにしてください．
(4)"次へ"で出てくる「グローバルオプション」のページは変更しません．（画面省略）
(5) イニシャルルーチンの設定
この画面では，自動生成されるファイルを選びます．

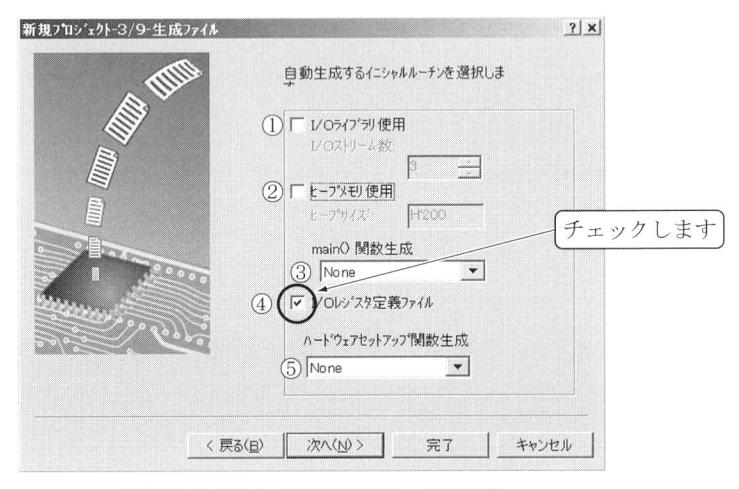

付図 1.4　I/O レジスタ定義ファイル生成

① I/O ライブラリ使用：チェックをはずします．
② ヒープメモリ使用：チェックをはずします．malloc 関数で臨時のメモリエリアを確保する場合はここをチェックします．
③ main () 関数生成："None" を選びます．
④ I/O レジスタ定義ファイル：チェックします．ヘッダファイルを自動生成するための設定です．
⑤ ハードウェアセットアップ関数生成：None を選びます．メモリクリアなどのハードウェア初期化の関数が必要な場合はチェックします．
(6)「ライブラリの設定」のページは変更しません（画面省略）．
(7)「スタックの設定」のページは変更しません（画面省略）．
(8) ベクタテーブルの設定
ベクタテーブルを自動生成するかどうかを指定する画面です．

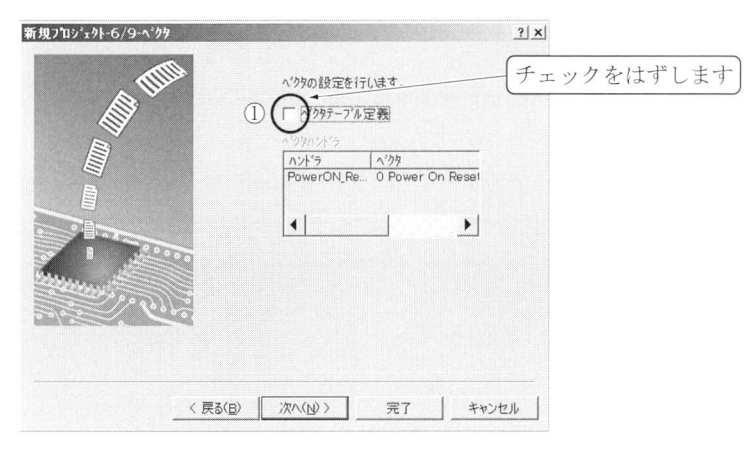

付1.1 ルネサステクノロジ製統合開発環境 HEW 153

付図 1.5 ベクタテーブルは設定しない

ベクタテーブル定義：チェックをはずします．

❶注意："ベクタテーブル定義"をチェックするとベクタテーブルが自動生成されますが，かえって使いにくいのとバージョンによって生成されるファイルの形式に差があってわかりにくいので，今回は第7章で説明した方法で，自分でベクタテーブルを作成することにします．

(9) ターゲットの設定

デバッグのときにプログラムをロードするターゲットを選びます．

ターゲットの設定："H8 Tiny/SLP E8 System 300H"をチェックします．

E8エミュレータを使うための設定です．エミュレータがない場合は，ハードウェアが不要な"H8/300HN Simulator"を選ぶこともできます．

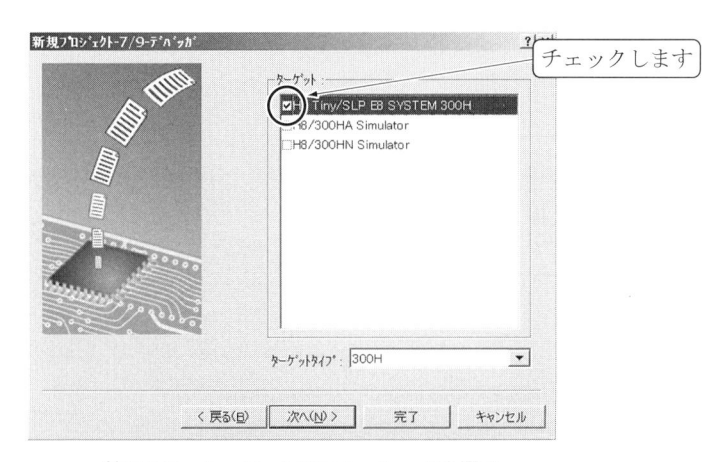

付図 1.6 ターゲットにエミュレータを選ぶ

(10)「デバッガオプション」のページ → ターゲット名は変更しません（画面省略）.
コンフィグレーション名は変更してもかまいませんが，今回はそのまま使います．
（あとで変更・追加できますが，複数のコンフィグレーションがある場合はコンフィグレーション名ごとに個別にオプションを設定する必要があります．）

ここまで設定が終わって"次へ"をクリックすると，自動生成されるファイルが表示されます（画面省略）.
"完了"をクリックすると"プロジェクトの概要"が表示され，"OK"をクリックするとワークスペースが作成されて，つぎの作業用の画面になります．

(11) 作業画面
この画面でソースファイルの作成，コンパイル，リンク，デバッグの一連の作業が進行します．

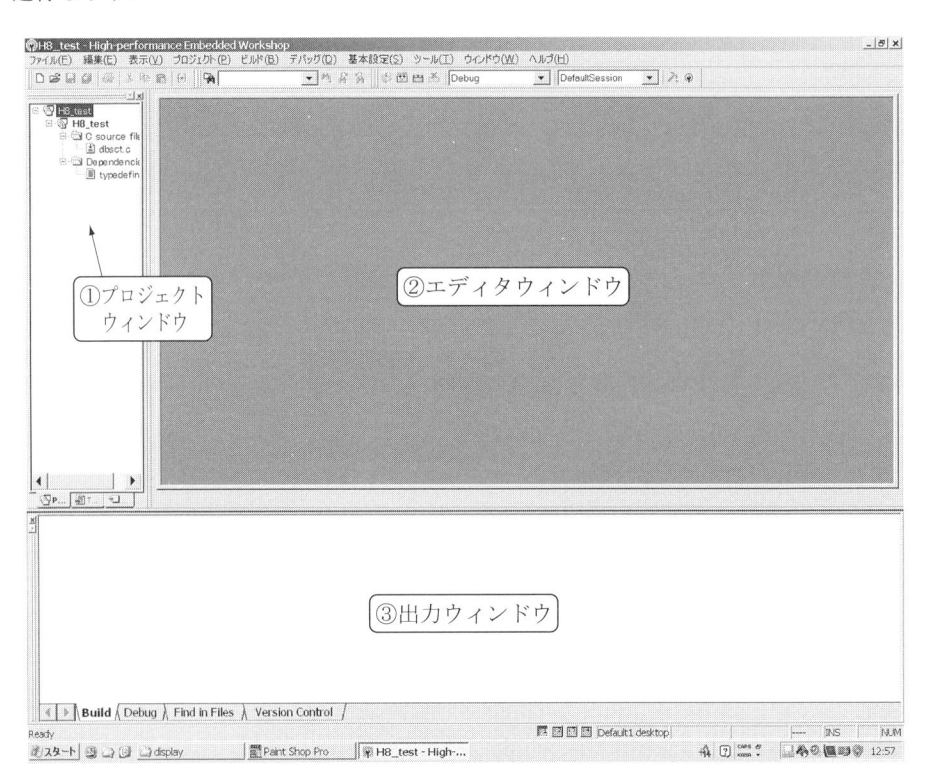

付図 1.7　作業画面

① プロジェクトウィンドウ

ⅰ) プロジェクトの設定：最後にリンクして一つのプログラムにまとめるファイルをプロジェクトに加えます．付図1.7では自分が作ったプログラムが含まれていないので登録する必要があります．

他にベクタテーブルも登録が必要です．

メニューバーの"プロジェクト"をクリックして，プルダウンメニューの"ファイルの追加"を選びます．

ⅱ) エディタ：①のプロジェクトウィンドウの中のファイル名をダブルクリックするとエディタウィンドウに内容が表示され，ウィンドウ内で編集できます．

ⅲ) 不要なファイルの削除：今回の演習では図に表示されている dbsct.c は使用しません．放置しても支障はないのですが，プロジェクトから削除しておく方がよいでしょう．メニューバーの"プロジェクト"をクリックしてプルダウンメニューの"ファイルの削除"を選びます．

② エディタウィンドウ

使いやすいエディタなので，ここでユーザプログラムの作成ができます．

メニューバー"ファイル"をクリックして，プルダウンメニューで"新規作成"を選びます．ただし，ここで作られるファイルはプロジェクトとは独立で，名前を付けて保存した後で上記の"ファイルの追加"の操作が必要です．

③ 出力ウィンドウ

付1.1.3で説明するビルド（コンパイル＆リンク）のときに，エラーメッセージなどの各種メッセージが表示されます．

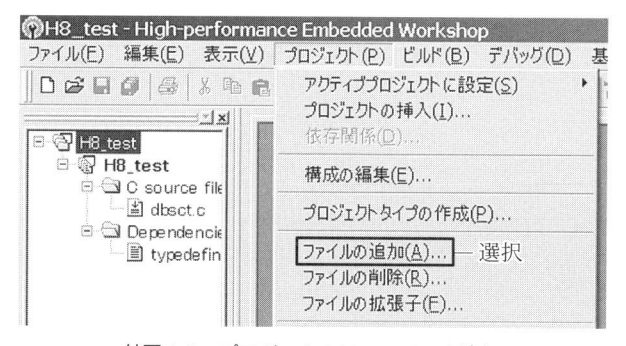

付図1.8　プロジェクトにファイルを追加

付 1.1.2 オプションの設定

HEWでは，コンパイルとリンクを一括して実行する作業を「ビルド」と呼びます．ソースファイルが出来上がってビルドを行う前に，コンパイラとリンカのオプションを設定します．システムを正しく動作させるために必要なオプションがいくつかあります．

(1) コンパイラのオプション設定

メニューバーの"ビルド"をクリックして，プルダウンメニューの"H8S,H8/300 Standard Toolchain"選ぶと付図1.9のダイアログボックスがあらわれるので，"コンパイラ"タブをクリックします．出てきた画面の中の"カテゴリ"から必要な項目を選びます．

① "カテゴリ"で"リスト"を選ぶとあらわれるダイアログボックスの中の"コンパイルリスト出力"をチェックします．第2章，第3章，第8章で，この設定により出力されるリストファイルを参照しています．

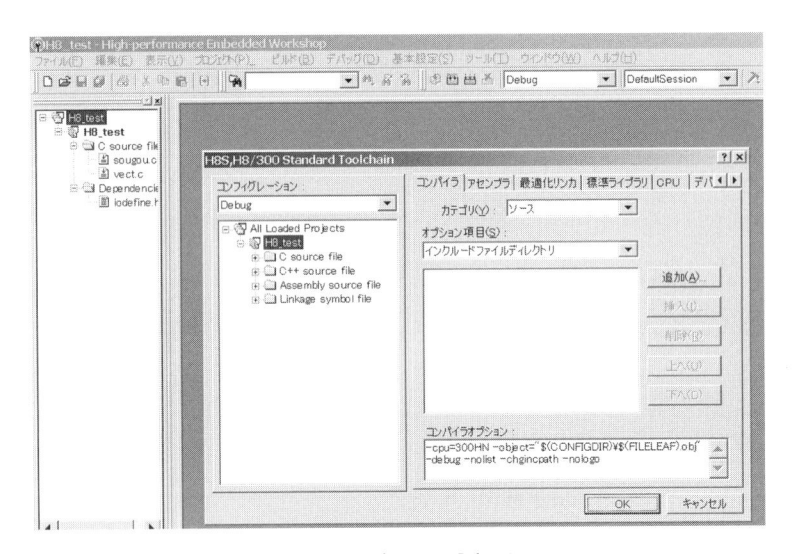

付図1.9 オプション設定を選ぶ

(2) リンカのオプション設定

メニューバーの"ビルド"をクリックして，プルダウンメニューから"H8S,H8/300 Stanndard Toolchain"を選び，出てきたダイアログボックスの"最適化リンカ"タブをクリックします．出てきた画面の中の"カテゴリ"から必要な項目を選びます．

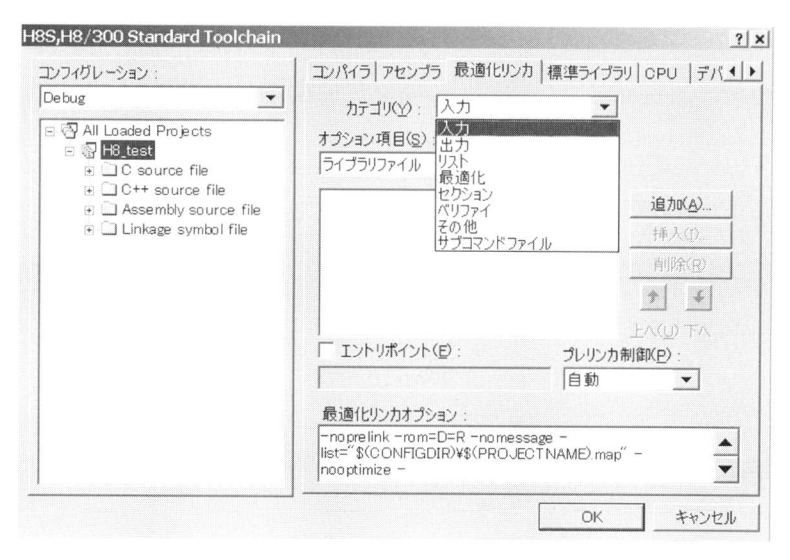

付1.1 ルネサステクノロジ製統合開発環境HEW 157

付図1.10 リンカのオプション設定

①セクション：CPUに合わせた値がすでに設定されていますが，ベクタテーブルは自分で設定します．

"編集"をクリックし，"address"に0番地，"section"に"C_VECT"を登録します．ここで定義されていて実際は使用していないセクションがあると，ビルドのときに

「L1100 (W) Cannot find "C" specified in option "start"」

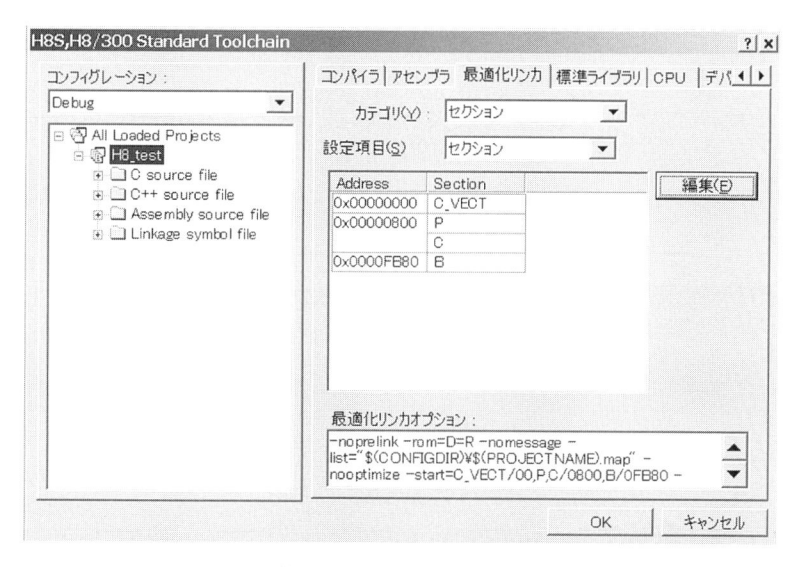

付図1.11 セクション設定

というような1100番のwarningが出ますが,支障はありません.
「定義されていたCセクションが実際には発生していなかった」という意味です.
② 出力:"オプション項目"の中の"ROMからRAMへマップするセクション"のD,Rの行を削除しておきます.これを忘れるとリンカのエラーになります.初期値付き変数を使用した場合は,この項目が必要なので残しておきます.

　なお,出力フォーマットは"Sタイプ（ELF/DWARF2アブソリュート付き"になっているはずなので,変更しません.
③ その他:"スタック情報ファイル（sni）出力"をチェックします.つぎに説明するスタックサイズ算出のためのツール"call waiker"を使用するときに必要になります.

付1.1.3　ビルド

HEWでプロジェクトの準備ができてソースプログラムの入力が終わったらビルドの操作をします.

(1) ビルドメニューの使い分け

メニューバーの"ビルド"を選ぶと,付図1.12のようないくつかのプルダウンメニューが出てきます.

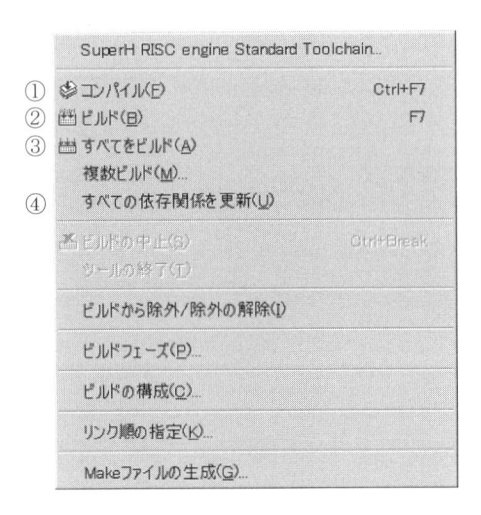

付図1.12　ビルドメニュー

① コンパイル:コンパイルだけします.指定されたファイルの文法チェックとリストファイル,オブジェクトファイル出力をします.

② ビルド：前回のビルド後に更新したソースファイルだけコンパイルした後，リンクします．
③ すべてをビルド：プロジェクトで指定したファイルをすべてコンパイルした後，リンクします．
④ すべての依存関係を更新：インクルードファイルなどプログラム中で呼び出すファイルが実在するかどうかをチェックしてくれる機能です．HEWを起動したときと，ビルドのときに自動的に実行されるので特に必要はありませんが，ファイル構成を変更したときなど，必要に応じてビルドの前に実行して確認することができます．

(2) ビルドの手順

最初はソースプログラムの文法チェックのために，各ファイルについて"コンパイル"を実行します．このとき，画面下側の出力ウィンドウに表示されるメッセージを必ず見ておきます．英語で表示されますが，意味はわかると思います．

コンパイル段階のエラーは，エラー表示の行でダブルクリックすると，エディタが開いて該当する行にカーソルが置かれるので，そのまま修正できます．

つぎにメニューバーの"ビルド"にある"すべてをビルド"をクリックします．エラー（(E)と表示される）は必ず修正する必要があります．warningは修正が必要なものと不要なものがあり，判断を要しますが，セクションが見つからないというwarning(L1100)は通常無視して大丈夫です．リンカで指定したCやBセクションは，プログラムの構成により発生しないことがあります．

エラーが発生しなければ，プロジェクトフォルダの下に生成されるdebugフォルダ，またはDebug H8 Tiny/SLP SYSTEMフォルダ内に実行ファイル（***.abs）が生成されます．同時に生成されるマップファイル（***.map）には，生成されたプログラムのメモリ上の割付情報が表示されています．

付表1　ビルド時の主な生成ファイル

ファイルの拡張子	生成されるファイル
.obj	コンパイル結果のオブジェクトファイル
.lst	コンパイル時の各種情報
.lib	実行時ライブラリ
.abs	機械語の実行ファイル
.map	リンク時のアドレス割付けなど各種情報
.sni	各関数の呼び出し関係とスタックの情報

付 1.1.4 スタック見積もりツール ; call walker

8.2.4 項で述べたように，最新版の HEW には，スタックの使用量を見積もる "call walker" というツールが付属しています．"call walker" を使用する場合は，リンカのオプション設定で ***.sni ファイルを出力する設定をしておきます．

操作手順

① メニューバーの"ツール"をクリックして，プルダウンメニューから "Hitachi call walker" を起動します．

② call walker の"file"メニューをクリックして，プルダウンメニュー内の"Import Stack File" をクリックし，ビルド時に生成された ***.sni を開きます．

③ 以上の操作で，テキスト第 8 章に説明したモジュール関連図に相当する付図 1.13 が表示され，図内にスタックの消費量がバイト数で示されます．

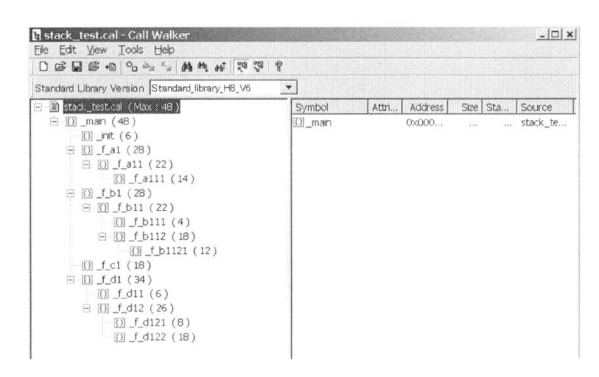

付図 1.13　call walker で表示した例

付 1.2　エミュレータ

ルネサス製の E8 エミュレータは数多くの機能をもっていますが，この節では基本的なデバッグの手法に絞って説明します．さらに詳しい使い方はオンラインマニュアルを見てください．

E8 エミュレータは HEW の画面で操作します．

最初のプロジェクトの設定やエミュレータを接続する手順によって，表示される画面や項目が変わる場合があります．

付図 1.14　E8a エミュレータ

E8 エミュレータは，2007 年 6 月に機能を追加して外観を一新した E8a エミュレータにモデルチェンジされました．赤と白のツートンカラーのしゃれたデザインです．

付 1.2.1　エミュレータの接続

（1）デバッグの設定

プロジェクトを作成したときに，ターゲットに E8 エミュレータを選んでいない場合は，エミュレータを USB ポートに接続したときに"デバッグの設定"の操作が必要になります．

メニューバーの"デバッグ"をクリックして，出てくるプルダウンメニュー内の"デバッグの設定"を選ぶと，付図 1.15 の画面が表示されます．

出てきたダイアログボックスで，

① "ターゲット"はメニュー内の"H8 Tiny/SLP E8 System 300H"を選びます．
② デバッグ対象フォーマットはメニュー内の"Elf/Dwarf2"を選びます．

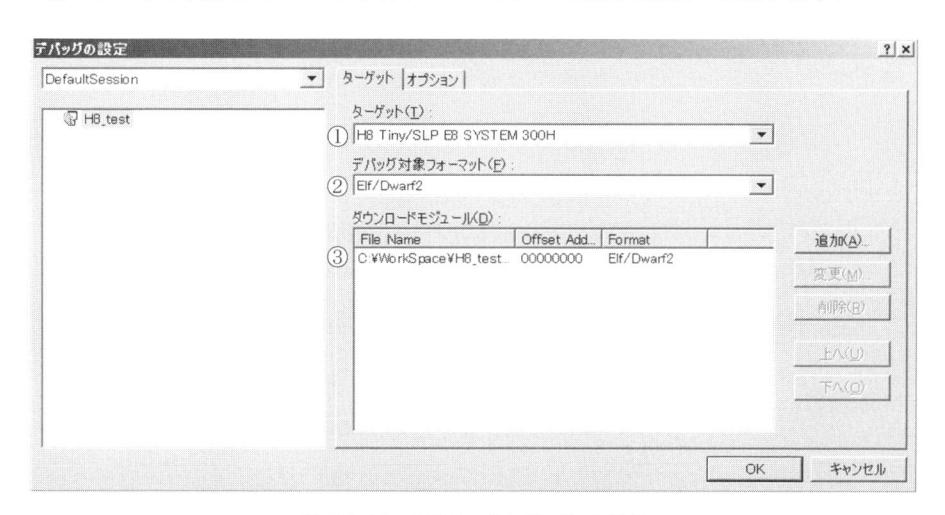

付図 1.15　"デバッグの設定"の画面

③ "ダウンロードモジュール"には,追加ボタンをクリックして,これから実行しようとする ***.abs ファイルを選びます.

(2) エミュレータのコンフィグレーション

エミュレータを USB ポートに接続後,メニューバーの 2 段目にあるセッション名のエディットボックスで "session H8tiny_SLP" を選択し,表示されたダイアログボックスで "OK" をクリックします.

> ❶注意:"session H8tiny_SLP" が作られていない場合など,自動で接続されない場合は,メニューバーの "デバッグ" プルダウンメニュー内の "接続" をクリックすると付図 1.16 の画面が開き,"OK" をクリックすると接続操作に入ります(一度接続すると,以後 "接続" と "切断" のアイコンが表示されるようになります).

付図 1.16 エミュレータの接続と設定

① ここで,E8 エミュレータが接続され,「パワーを供給しない」という表示が出るので "OK" をクリックします.
② つぎのダイアログボックスは,CPU ボードの電源を入れてから "OK" をクリックします.
③ つぎにクロック周波数を聞いてくるので,使用しているボードの 14.7 を入力します.
④ ID コードを聞いてきますが,そのまま "OK" をクリックします(変更してはいけません).
⑤ メニューバーの "基本設定" をクリックし,プルダウンメニューの "カスタマイズ" を選ぶと出てくるサブメニューから "ツールバー" の "CPU" をチェックします.すると,メニューバーに付図 1.17 のように CPU 関係の "レジスタ","メモリ","IO" の三つのアイコンが表示されます(手順によってはすでに表示されている場合もあります).

デバッグするときはレジスタと IO を表示しておくと便利です.

多数のアイコンが表示されますが,マウスカーソルをアイコンに重ねると,何のアイコンか説明が出るようになっています.

付1.2 エミュレータ　163

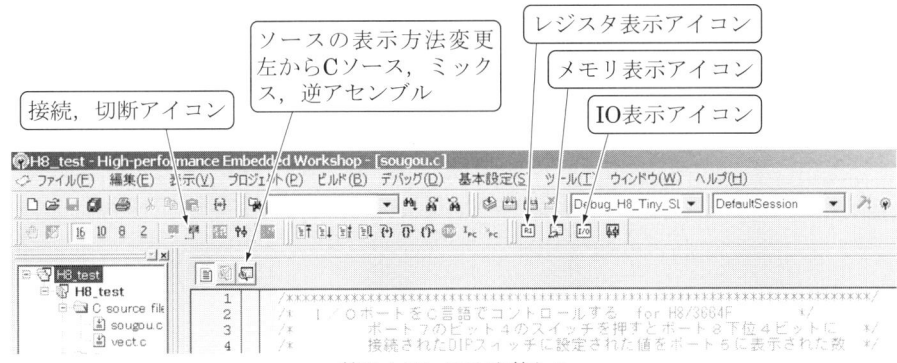

付図 1.17　画面を整える

付 1.2.2　ユーザプログラムのロードと実行

(1) ユーザプログラムのロード

ビルドが正常に終了していると，エミュレータを接続した時点でプロジェクトウィンドウ内に"Download modules"のフォルダが表示されます．その中の abs ファイルを右クリックするとプルダウンメニューが開くので，"ダウンロード"をクリックします．

このとき C ソースファイルの表示の場合は，付図 1.19 のように行番号の右のカラムにロードされたアドレスが表示されます．逆アセンブル表示，ミックス表示の場合は付図 1.18 のようにソースウィンドウの中にアドレスが表示されます．

ソースウィンドウの表示モードは，付図 1.17 に示したソースウィンドウの左上にある三つのアイコンで行います．左側の"ソース"をクリックすると C 言語のソースだけが表示されます．右側の"逆アセンブル"をクリックすると，メモリにロードされた機械語のプログラムが逆アセンブルされてアセンブリ言語が表示されます．中央の"ミックス"をクリックすると，C 言語のソース 1 行ごとに，機械語を逆アセンブルした結果が表示されます．

まれに右二つのアイコンがグレー表示になってクリックできないことがありますが，これは，表示されている C 言語のソースとロードされている機械語が一致しない場合なので，プロジェクトを確認する必要があります．

❶注意：アドレスが表示されない場合
● ロードされた機械語と表示されている C 言語のソースが一致しない場合は，アドレスが全く表示されません．表示されているソースファイルが現在選んでいるプロジェクトのものかどうか，確認する必要があります．

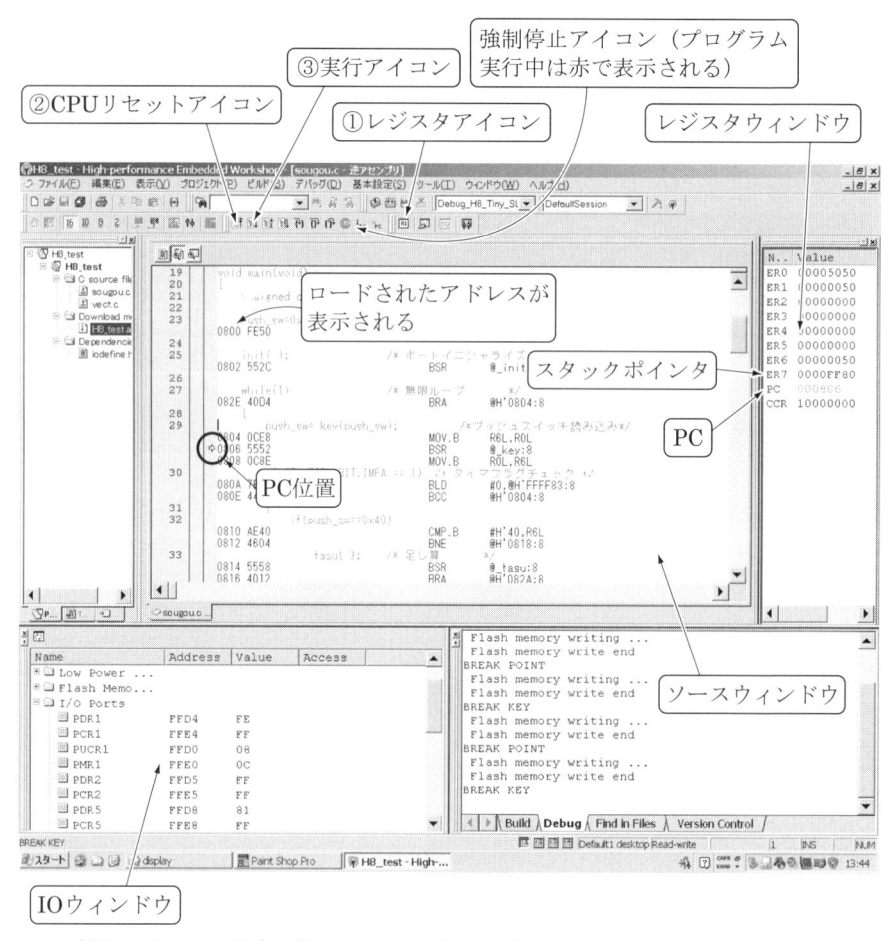

付図 1.18　ユーザプログラムをロード（ソースウィンドウはミックス表示の状態）

- 最適化の機能で意味のない行と判定されて無視された場合は，ソースファイルのその行にアドレスが付きません．プログラムの流れを再点検してください．コンパイラの判断で合理化されて他の行と併合された場合も，アドレスが表示されない場合があります．

(2) プログラムの実行

① メニューバーのレジスタアイコンをクリックしてレジスタを表示しておきます．必要に応じて IO ウィンドウも表示しておきます．

② メニューバーの CPU リセットアイコンをクリックすると，レジスタウィンドウの PC の表示がリセットベクタで指定されたアドレスになります．普通は 0800 です（PC の位置はソースウィンドウにも ⇨ で表示されます）．

また，スタックポインタ（ER7）は FF80 にセットされるはずです．この CPU リセットの操作を忘れて実行しようとすると"プログラムカウンタが奇数"というエラーが出ます．

③ 実行アイコンをクリックして実行します．

❶注意：筆者が E8 エミュレータを使用しているときに，"CPU リセット"を実行してもスタックポインタ（ER7）が FF80 にセットされないことがありました．原因を特定できていませんが，ベクタテーブル，entry 関数などで設定に矛盾がある場合や直前の実行で暴走した場合に発生するようです．設定の不具合を修正しても HEW が異常状態を記憶してしまうようなので，つぎの手順で修復してください．
- 全体に矛盾がないかチェックします（特にベクタテーブルと entry 関数）．
- 修正して CPU リセットを実行後，手動で ER7 を FF80 にセットして正常に実行されることを確認します．
- HEW を終了して再度立ち上げ，CPU リセットを実行すると ER7 が FF80 にセットされることを確認します．

付 1.2.3　デバッグ

（1）ブレークポイントの設定と削除

ブレークポイント表示カラムの設定したい行の位置でダブルクリックすると，"●"が表示されてブレークポイントが設定されます．

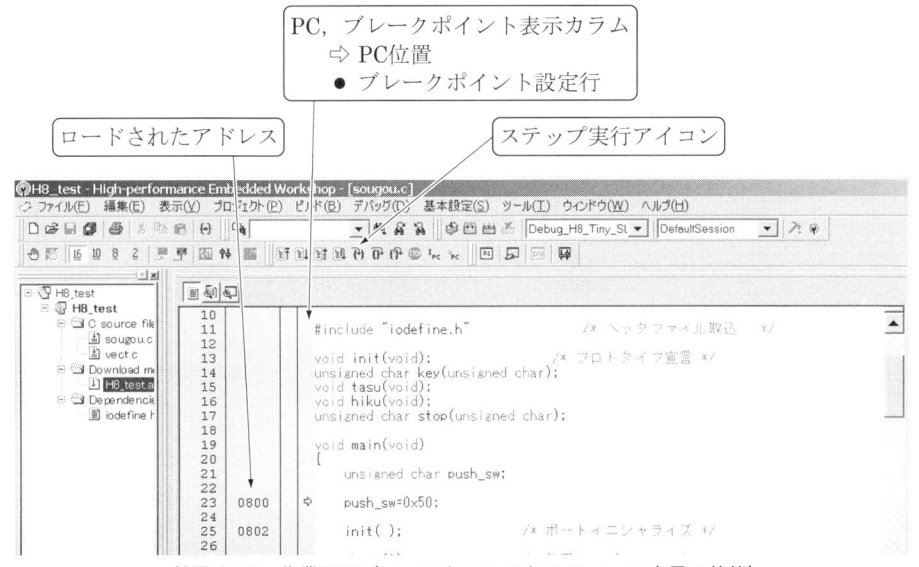

付図 1.19　作業画面（ソースウィンドウは C ソース表示の状態）

また,設定された"●"をダブルクリックすると,ブレークポイントは削除されます.

ブレークポイントは付図1.19のように,アドレスが表示されている行にのみ設定できます.アドレスが全く表示されない場合は,ビルドが正常に行われていません.

ブレークポイントを設定してある場合,実行が設定行までくるとブレーク(一時停止)します.

このときブレークした行は,まだ実行されていないことに注意してください.ブレーク後,ステップ実行をすることで,ブレークポイントを設定した行の実行結果を確認できます.

プログラムが走っているときに強制的にブレークする場合は,強制停止アイコン(赤いストップマーク)をクリックします.

(2) プログラムのステップ実行

ブレークしている状態でメニューバーのステップ実行アイコン(付図1.20)をクリックすると,現在のPC位置から1行ずつ実行されます.

各アイコンの意味はつぎのようになっています.

① ステップイン:関数呼び出しの行では,呼び出した関数の中に入ってステップ実行します.
② ステップオーバー:現在いる関数の中だけステップ実行します(呼び出した関数の中はステップ実行ではなく一気に実行します).
③ ステップアウト:現在いる関数を終わりまで一気に実行して,この関数を呼び出した関数に戻ります.

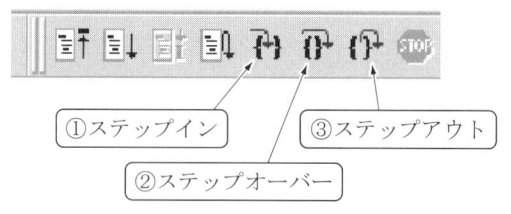

付 図 1.20 ステップ実行アイコン

(3) 状態表示

HEWではいろいろなウィンドウを開いて情報を表示することができます.多くの情報は,開いたウィンドウ内で変更することもできます.

●レジスタ内容の確認

メニューバーのレジスタ表示アイコンをクリックすると,CPU内部のレジスタがレジスタウィンドウに表示されます.

❶注意:表示内容はプログラムの実行後,ブレークなどで中断したときに更新されます.

そのとき変化があったレジスタの値は赤色で表示されます．

●レジスタ内容の変更

　レジスタウィンドウの変更したいレジスタ上でダブルクリックします．変更用のエディットボックスが開くので，設定したい値を直接入力します（この方法は，メモリ，IOなどで共通です）．

●内蔵機能制御レジスタの表示と変更

　メニューバーのIO表示アイコンをクリックするとIOウィンドウが開きます．各レジスタは内蔵機能ごとにグループ分けされたツリーになっているので，必要なツリーを展開して目的のレジスタの表示と書き換えをします．

●メモリ内容の表示と変更

　メニューバーのメモリ表示アイコンをクリックするとメモリウィンドウが開き，値の表示，書き換えをします．

●変数の表示と変更

　メニューバーの"表示"プルダウンメニューの"シンボル"のサブメニューから"ローカル"を選びます．あるいは変数名上で右クリックし，"インスタントウォッチ"を選ぶと登録ウィンドウが開くので，ウォッチに登録することもできます．

> ❶注意：いずれの場合もプログラムの実行が中断したときに正しい値が表示されます．また，変数の通用範囲外にあると表示されません．レジスタ変数については使用されている行以外では正しい値を表示しないことが多いので，最適化でレジスタ変数に割り付けられたものは特に注意が必要です．レジスタ変数かどうかは，ウォッチウィンドウに変数の場所が表示されるのでわかります．

(4) 終了

　エミュレータだけを終了したい場合は，メニューバーの"接続終了"アイコンをクリックすると，HEWが接続前の画面に戻ります．

　エミュレータをパソコンから取り外す場合は，下部メニューバーの"ハードウェアの安全な取り外し"をクリックしてRenesasを選び，「安全に取り外せます」の表示が出てからUSBコネクタを抜きます．

　なお，エミュレータを挿したまま別のプロジェクトを開く場合は，いったんCPUボードの電源を切らないと誤動作する場合があります．

付1.3　ソフト開発ツールの入手方法

付1.3.1　Cコンパイラ無償評価版とHEW

　自分で勉強するためにHEWとコンパイラを入手したい場合は，氏名などを登録すれば下記のルネサステクノロジのホームページから無償の評価版を入手することができます．

　　　　http://japan.renesas.com/homepage.jsp

　ホームページで"サポート"を選び，"ダウンロード"を開いて，「コンパイラ」で検索するとダウンロード可能な一覧表が出てくるので，その中の「H8ファミリ用C/C++コンパイラパッケージ無償評価版」を選びます．

　HEWとCコンパイラがセットになっていますが，エミュレータのインターフェイスは含まれていません．

　無償評価版は全機能を使用できる日数が限定されていて，期限を過ぎるとプログラムサイズが制限されますが，個人が勉強のために使用する分には全く支障はありません．

付1.3.2　E8エミュレータ用ドライバとプログラム

　E8エミュレータを購入すると，エミュレータ用プログラムとドライバが付属しています．これにもHEWが付属していますが，こちらにはコンパイラは付属していません．

　また，上記のHEWと同様に「E8エミュレータ」(E8は半角)で検索するとE8エミュレータ用ソフトウェアの最新updateを入手できます．これにはコンパイラパッケージの無償評価版が付いてきます．

付1.4　マニュアル類の入手方法

　シングルチップマイコンを使いこなすためにはハードウェアマニュアルが必須ですが，これもルネサステクノロジのホームページで公開されています．

　ホームページで"マイコン"を選び，ラインアップの"H8ファミリ"の中の"H8/300H Tinyシリーズ"を選びます．出てきたページの左側にある"ドキュメント"を選ぶと「H8/3664シリーズハードウェアマニュアル」をダウンロードすることができます．

付録 2 ハードウェア

付2.1　各種ハードウェアの販売元

付2.1.1　（株）北斗電子（マイコンボード）

本書で取り上げているマイコンボードは北斗電子のHSBシリーズのH8/3664Fです．

写真のようにマザーボードを作って各端子を40ピンのコネクタに集めて取り出しています．

同じく北斗電子の「スタータキット」はさらに安価でエミュレータも使えますが，コネクタに出ているポートのビット数が減るので，本書では各種の演習に対応させるためにHSBシリーズを採用しました．

ホームページ：http://www.hokutodenshi.co.jp/

付図2.1　マザーボード上のマイコンボードとE8エミュレータ

付 2.1.2　サンハヤト（株）

E8エミュレータが使用できる安価なCPUボードを販売しています．マザーボードと組み合わせて使うようになっていますが，両者とも秋葉原の部品店で購入できます．搭載されているマイコンはH8/3694Fで，H8/3664Fの拡張版なのでプログラムは互換性があります．

　MB-H8A　　H8/3694Fマイコンボード
　MB-RS10　 MB-H8A用マザーボード
　ホームページ：http://www.sunhayato.co.jp/

付 2.1.3　（株）秋月電子通商（マイコンボード，一般電子部品）

秋月電子のAKIシリーズにもH8マイコンを採用したCPUボードがあります．

本来のROM上ではなく，RAM上にユーザプログラムを転送して実行する方式のボードで，E8エミュレータには対応していません．

安価で，液晶表示器付きのマザーボードを含め一式1万円以下で入手できますが，C言語のソースレベルデバッグができません．エミュレータではなく専用のデバッガソフトを使用しますが，デバッグ時にプログラムがアセンブリ言語で表示されるため，アセンブリ言語の基礎知識が必要になります．また，デバッグが終了したシステムをパソコンから切り離して動作させようとすると，デバッグ時とは異なる（本来の0番地からの）アドレスにプログラムを再度書き直す必要があり，リンクの段階からやり直すことになります．

このボードもマザーボード上にセットして使うようになっています．コンパイラは無償のGCCを採用しています．

いくつかのCPUが選べますが，代表的なH8/3048Fは機能が豊富な万能マイコンです．

　ホームページ：http://akizukidenshi.com/

ここに取り上げた3社のほかにもH8マイコンを搭載したマイコンボードがいくつか販売されていますが，シングルチップマイコンの使い方を学ぶためにはデバッグのための環境が整っていることが重要です．E8エミュレータに対応したH8マイコンのボードであれば本書の内容を実機上で演習することができますが，ボード上にH-UDIという14ピンのインターフェイスコネクタが装備されていることが必要です．

付 2.1.4　千石電商（マイコンボード，一般電子部品）

サンハヤトのマイコンボードを扱っています．

ホームページの一覧表の"ボード"をクリックして，"サンハヤト"を選びます．

また，ホームページには出ていませんが，店頭で E8 エミュレータを販売しています．

　ホームページ：http://www.sengoku.co.jp/index.htm

付 2.1.5　E8 エミュレータ

E8 エミュレータを取り扱っている代理店はいくつかありますが，例を挙げておきます．

(1)（株）ソリスト

　ホームページ：http://www.soliste.jp/model/renesas_detail.html

(2)（株）若松通商

　ホームページ：http://www.wakamatsu.ne.jp/

ホームページのリストで"電子部品"をクリックし，"マイコン関連"のページを開きます．

付録 3

LCD表示用プログラム

　今回使用した北斗電子のマイコンボードには，16 文字 × 2 行の液晶表示器が搭載されています．この液晶は標準的なもので，秋葉原などで単体でも売られています．これに文字を表示するための関数を作っておくと便利なので，筆者が作った液晶表示用のプログラムを付図 3.1 に載せてあります．森北出版の Web ページからも入手可能です． ☞ http://www.morikita.co.jp/soft/78421/

　初期化のための lcd_init，表示をクリアしてカーソルを先頭に戻す lcd_cleare，1 文字ずつ ASCII データを与えて文字を表示する lcd_disp からなっています．

付表 3.1　LCD コマンド表

<機能コード一覧>

インストラクション	コード										機能	実行時間(MAX)
	RS	R/*W	DB7	DB6	DB5	DB4	DB3	DB2	DB1	DB0		
表示クリア	0	0	0	0	0	0	0	0	0	1	全表示クリア後，カーソルをホーム位置(0番地)へ戻す	1.52ms
カーソルホーム	0	0	0	0	0	0	0	0	1	-	カーソルをホーム位置へ戻し，シフトしていた表示も元へ戻る(DDRAMの内容は変化無し)	1.52ms
エントリーモード	0	0	0	0	0	0	0	1	I/O	S	カーソルの進む方向，表示をシフトするかどうかの設定(データ書込み及びデータ読み出し時に上記動作が行われます)	37μs
表示ON/OFFコントロール	0	0	0	0	0	0	1	D	C	B	全表示のON/OFF[D]，カーソルON/OFF[C]，カーソル位置の文字のブリンク[B]をセット	37μs
カーソル/表示シフト	0	0	0	0	0	1	S/C	R/L	-	-	DD RAMの内容を変えずカーソルの移動，表示シフト	37μs
ファンクションセット	0	0	0	0	1	DL	N	F	-	-	インターフェイスデータ長[DL]，表示行数[N]，文字フォント[F]を設定	37μs
CG RAMアドレスセット	0	0	0	1	ACG						CG RAMのアドレスセット(以後送受するデータはCG RAMデータ)	37μs
DD RAMアドレスセット	0	0	1	ADD							DD RAMのアドレスセット(以後送受するデータはDD RAMデータ)	37μs
BFアドレス読出し	0	1	BF	AC							モジュールが内部動作中であることを示すBF 及びACの内容を読出し(CG RAM/DD RAM 双方向)	37μs
CG RAM/DD RAMデータ書込み	1	0	書込みデータ								CG RAMまたはDD RAMにデータを書込む	37μstADO=5.6μs
CG RAM/DD RAMデータ読出し	1	0	読出しデータ								CG RAMまたはDD RAMにデータを読出す	37μstADO=5.6μs

使用するときはプログラムの先頭で lcd_init 関数を呼び，あとは表示が必要なときに ASCII コードを引数にして lcd_disp 関数を呼んでください．

この表示器はアスキーコードを送って 1 文字ずつ表示させますが，コマンドモードにすることにより，付表 3.1 のコマンドを送って動作を制御できるようになっています．そのために，内部にレジスタをもっていますが，表示器内部のレジスタを安定に動作させるために，プログラムの要所要所に付表 3.1 の"実行時間"に相当する短いタイマが埋め込まれています．使い方によっては関数が終了するまでに ms オーダーの待ち時間が発生するので注意してください．lcd_init 関数の中でコマンドモードを使っていますので，表示方法などを変更したい場合は lcd_init 関数のソースファイルを参考にしてください．

接続されているポートはポート 5 とポート 1 で，表示データ用のポート 5 は，I/O 演習ボードの赤色 LED など他の機材でも使用しています．プログラム内でポート 5 のデータを待避/復帰させていますが，この関数を呼び出したときに赤色 LED の表示が一瞬乱れるという現象が発生します．

```
/************************************************************************/
/* 液晶 display の初期化と液晶表示関数                                   */
/*      初期化：lcd_init  表示：lcd_disp  表示クリア：lcd_clear           */
/*      データポート ポート 5（8 ビット使用）                             */
/*      制御信号 イネーブル：ビット P10，リセット：ビット P12             */
/*      R/W 端子（P11）は W（Low）に固定                                  */
/************************************************************************/

#include "iodefine.h"
#define  E_SIG IO.PDR1.BIT.B0           /* イネーブル信号 1→0 で読込み   */
#define RS     IO.PDR1.BIT.B2           /* RS 信号                       */
                                        /* 0：コマンド 1：データ         */
void lcd_disp (unsigned char) ;
void lcd_clear (void) ;
void lcd_timer (int) ;

void lcd_init (void)
{
        unsigned char  lcd_disp,p5bk;
        int i;

    p5bk = IO.PDR5.BYTE;                /* ポート 5 データ待避 */

        IO.PCR1 = 0x07;
        IO.PDR1.BIT.B1 = 0;
        IO.PCR5 = 0xff;
/*****LCD の初期設定 *****/
        lcd_timer (10000) ;             /* 電源 ON から 15mS の WAIT      */
```

```c
            for (i=0;i<3;i++)
            {                                    /* LCD ファンクションセット（3回）      */
                    RS = 0;                      /* 液晶の RS 信号をコマンドにセットする */
                    lcd_timer (500) ;
                    E_SIG = 1;
                    lcd_timer (500) ;
                    IO.PDR5.BYTE = 0x30;
                    lcd_timer (500) ;            /* 0.4mS の WAIT                    */
                    E_SIG = 0;
                    lcd_timer (5000) ;
            }

            lcd_disp = 0x38;
            RS = 0;                              /* 液晶の RS 信号をコマンドにセットする */
            lcd_timer (500) ;
            E_SIG = 1;
            lcd_timer (500) ;
            IO.PDR5.BYTE = lcd_disp;
            lcd_timer (500) ;
            E_SIG = 0;
            lcd_timer (5000) ;

            lcd_clear () ;                       /* 表示クリア&カーソルホーム          */

            lcd_disp = 0x0f;                     /* 表示 ON カーソルブリンク          */
            RS = 0;                              /* 液晶の RS 信号をコマンドにセットする */
            lcd_timer (500) ;
            E_SIG = 1;
            lcd_timer (500) ;
            IO.PDR5.BYTE = lcd_disp;
            lcd_timer (500) ;
            E_SIG = 0;
            lcd_timer (5000) ;

            lcd_disp = 0x06;                     /* エントリーモードセット            */
            RS = 0;                              /* 液晶の RS 信号をコマンドにセットする */
            lcd_timer (500) ;
            E_SIG = 1;
            lcd_timer (500) ;
            IO.PDR5.BYTE = lcd_disp;
            lcd_timer (500) ;
            E_SIG = 0;
            lcd_timer (5000) ;

            IO.PDR5.BYTE = p5bk;                 /* ポート 5 データ復帰               */
}
/***** 文字表示関数  文字コードを引数で渡す *****/
void lcd_disp (unsigned char lcd_d)
{
            unsigned char p5bk;
```

```c
        p5bk = IO.PDR5.BYTE;              /* ポート5データ待避          */

        RS = 1;
        lcd_timer (500) ;
        E_SIG = 1;
        lcd_timer (500) ;
        IO.PDR5.BYTE = lcd_d;
        lcd_timer (500) ;
        E_SIG = 0;
        lcd_timer (5000) ;

        IO.PDR5.BYTE = p5bk;              /* ポート5データ復帰          */
}


/***** 液晶画面表示の初期化 *****/
void lcd_clear (void)
{
        unsigned char   lcd_disp,p5bk;

    p5bk = IO.PDR5.BYTE;                  /* ポート5データ待避          */

        lcd_disp = 0x01;                  /* 表示クリア */
        RS = 0;
        lcd_timer (500) ;
        E_SIG = 1;
        lcd_timer (500) ;
        IO.PDR5.BYTE = lcd_disp;
        lcd_timer (500) ;
        E_SIG = 0;
        lcd_timer (5000) ;

        lcd_disp = 0x02;                  /* カーソルホーム             */
        RS = 0;
        lcd_timer (500) ;
        E_SIG = 1;
        lcd_timer (500) ;
        IO.PDR5.BYTE = lcd_disp;
        lcd_timer (500) ;
        E_SIG = 0;
        lcd_timer (5000) ;

        IO.PDR5.BYTE = p5bk;              /* ポート5データ復帰          */
}
/***** ソフトウェアタイマ *****/
void lcd_timer (time)
{
        int i;
        for (i=0;i<time;i++)         ;
}
```

付図3.1

付録 4

I/O総合演習

I/O演習ボード上の8個の赤色LED，4ビットのDIPスイッチ，2個のプッシュスイッチ，2個の黄色LEDを使って，高度なプログラムを作ります．割込は不要です．

問題はステップバイステップで進むように作ってあります．前の問題を改造しながら進んでください．ステップ2までは本文中の演習で済んでいます．

参考のために最後のステップ7のPAD図の例を付図4.2に示しましたが，このとおりに作る必要はありません．自分でPADを書いてみて下さい．

ステップ1

I/O演習ボードで使用するポート5，7，8の初期設定を行いLEDを点灯させます．第4章の例題4.1です．

I/O演習ボードでは，第3章で説明したように各ポートにスイッチとLEDを接続しています．

ポート5は全ビットを出力に設定し，また黄色のLEDが接続されているポート7のビット5と，ポート8のビット4を出力に設定します．DIPスイッチが接続されているポート8のビット0～3と，プッシュスイッチが接続されているポート7のビット4，6は入力に設定します．

第4章で説明したように，入出力を設定するには，各ポートのコントロールレジスタ（PCR）に，ビットごとに1（出力）または0（入力）を設定します．ただし，H8/3664FではPCRはビットごとの書き込みはできず，1バイト分のデータをまとめて書き込みます．PCRの指定の仕方は，第4章のサンプルプログラムを参照してください．

ポート5に接続された赤色のLEDは，PDRに出力された8ビットデータのビットパターンに従って点灯します．ここでは0x55（ビットパターン01010101）を出力して一個おきに点灯させています．

ステップ2

ポート5に接続された8個の赤色LEDに「0x81」を表示した後，一定時間ごとに表示内容の値に1を加えていきます．第4章の演習4.2です．

16進数の0x81はビットパターンでは"1000 0001"になり，8個並んだLEDの両端が点灯します．まずポート5を出力に設定し，出力レジスタに16進数の0x81を書きこむと上記のビットパターンでLEDが点灯します．

つぎに表示した0x81にプログラムで1ずつ加えていき，そのたびに結果を出力レジスタに書き込めば目的のプログラムになります．ただし，このままプログラムを作ると，LEDの変化が早すぎて人間の目で見ても動きがわからないので，識別できる程度の「一定時間ごとに」変化させる工夫が必要になります．計算と計算の間にむだな時間をはさめばうまくいきますが，ここではforループを用いたソフトウェアタイマを使います．

ステップ3

ステップ2のソフトウェアタイマのかわりにハードウェアタイマを使ってみます．
H8/3664Fのハードウェアタイマでは最長で約35 msの時間間隔しか作れません．ここでは200 msの時間間隔を作るために，ハードウェアタイマで33 msを作り，カウンタ（変数）を用意してハードウェアタイマが作った時間間隔を6回数えることにします．

ステップ4

ステップ3を改造して，加算するデータを変えられるようにします．ポート8の下位4ビットに接続されたDIPスイッチに加算するデータを設定しておき，一定時間ごとに演習ボード上の表示にポート8から読みとったデータを加算して表示します．

ポート8の下位4ビットを入力に設定し，データレジスタ（PDR8）を読み取り，LEDの表示データが格納されているPDR5のデータに加算します．必要なデータは

下位 4 ビットのみなので注意が必要です．読み込んだデータの上位 4 ビットを 0 にするために，ビット演算で 0x0f と AND をとります．

ステップ 5

ステップ 4 を改造して，ポート 7 のビット 4 に接続されたプッシュスイッチを押すと加算がスタートするプログラムにします．

ポート 7 は，ビット 4, 6 にプッシュスイッチ，ビット 5 に LED が接続されています．イニシャライズ時にビットごとに入出力を設定します．データレジスタから読み込んだ値から，ビット演算を用いてビット 4 だけを取り出して判定するとよいでしょう．あるいはヘッダファイル内に定義されているビットごとの名称を用いれば，特定の 1 ビットだけを直接取り出すこともできます．

ステップ 6

ステップ 5 を改造して減算もできるようにします．ステップ 4 と同様のプログラムで減算をするプログラムを作り，ポート 7 のビット 4 のスイッチを押すと加算，ビット 6 のスイッチを押すと減算の状態に移行するプログラムを作ります．加算中か減算中かのプログラムの状態を黄色の LED で表示します．

この段階では，付図 4.1 の状態図のようにプログラムは三つの状態を取ります．

ステップ 7

ステップ 6 を改造して，2 個のスイッチを同時に押すと演算を中止して，キーが押されるのを待つ状態に戻る構成にします．

両方のスイッチが押されている状態は，PDR7 から読み取ったデータと 0x50 とのビット AND をとることで，スイッチが接続されているビットだけ取り出して判定します．0x50 はビットデータでは（0101 0000）になり，スイッチが接続されたビットだけ 1 になっています．

キーの同時押しの判定はチャタリングに注意する必要があります．チャタリングはキーを離す瞬間にも発生しますが，工夫しないと，後までチャタリングが続いている方のキーが単独で押されたかのように判定してしまいます．対策としては，何回か繰り返してスイッチを読み取って，連続して複数回（20 〜 50 回）同じデータが得られてからそれを採用する方法が考えられます．このとき，両方が押されたデータ（0x00）

でチャタリング対策をするのではなく，0x00 が一瞬でも検出されたら，その後で両方とも離されたデータ（0x50）が 50 回連続したことでチャタリングが収束したと判定することができます．

これで付図 4.1 の三つの状態を結ぶ矢印が全部完成しました．

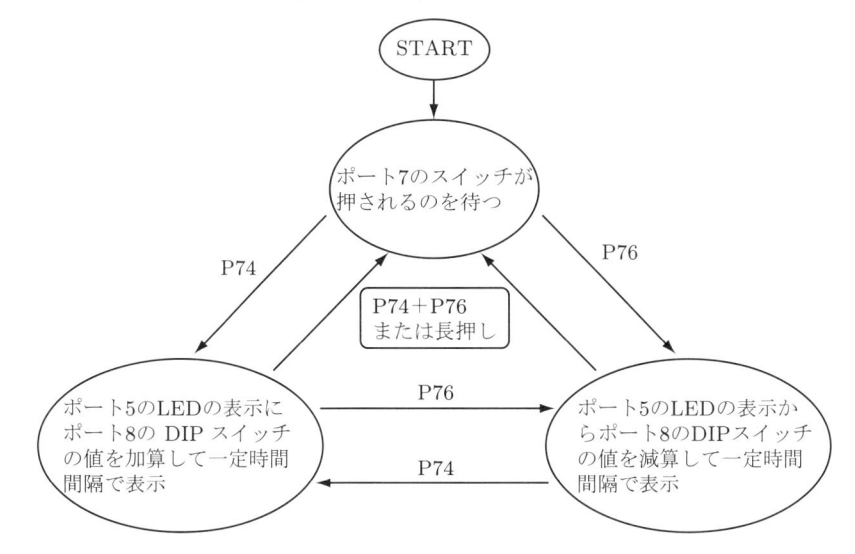

```
                            START
                              │
                              ▼
                   ┌─────────────────────┐
                   │ ポート7のスイッチが  │
                   │ 押されるのを待つ     │
                   └─────────────────────┘
            P74    ↙   ↑    ↑    ↘  P76
                  ↙  P74+P76   ↘
                 ↙   または長押し  ↘
        ┌──────────────┐  P76  ┌──────────────┐
        │ポート5のLEDの表示に│──────→│ポート5のLEDの表示か│
        │ポート8の DIP スイッチ│      │らポート8のDIPスイッチ│
        │の値を加算して一定時間│←──────│の値を減算して一定時間│
        │間隔で表示          │  P74  │間隔で表示          │
        └──────────────┘      └──────────────┘
```

付図 4.1　I/O 総合演習問題　三つの状態

ステップ8

ステップ 7 で 2 個のスイッチを同時に押すかわりに，「どちらかのスイッチを 1 秒以上押したら」という条件にすることもできます．

第 5 章のコラムに書きましたが，1 秒という時間を作るには，別のタイマを用いることができればスイッチが押されたらタイマを起動し，スイッチが離されたらタイマを停止する方法が簡単です．しかし，H8/3664F にはそれに適するタイマがないので，ステップ 3 で作った 33 ms を 30 回数えるのがよいでしょう．

参考のために I/O 総合演習ステップ 7 の PAD の例を示します．

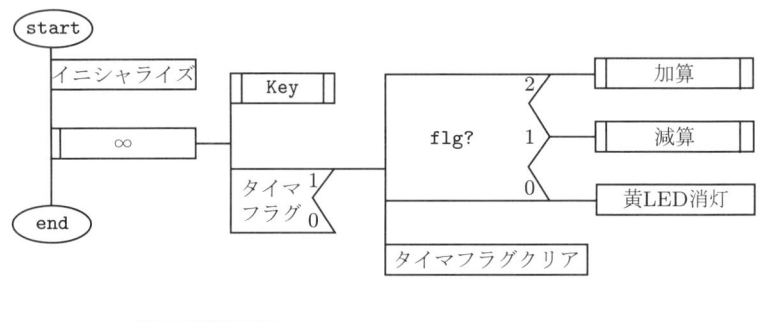

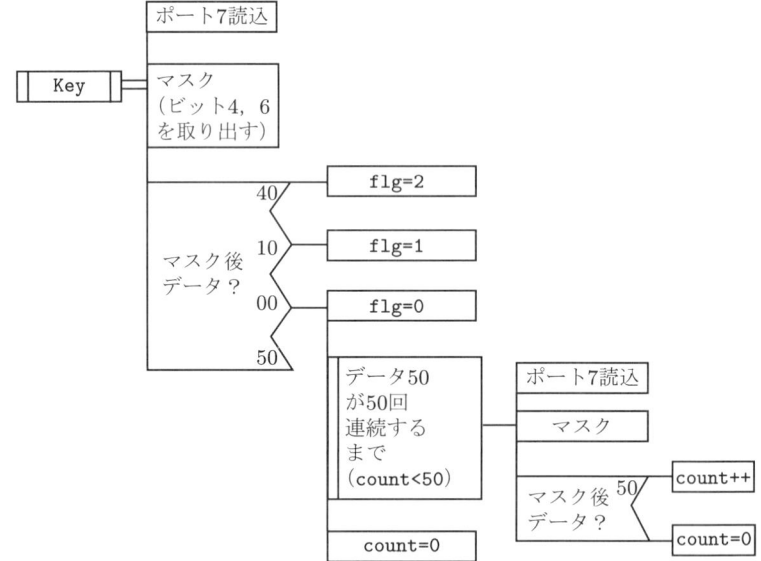

付図 4.2　I/O 総合演習の PAD 例

コラム　プログラムの流れの表現方法

　電子回路を製作するときに回路図を書いて設計してから組み立てるのと同様に，プログラムを作成するときは，プログラムの流れを表現する図を書いて設計してからプログラミングに取りかかります．

　アセンブリ言語の場合はフローチャートが用いられますが，つぎに説明するように C 言語のプログラムをフローチャートで設計するのは好ましくありません．

　C 言語のプログラムは関数の呼び出しで進行し，付図 4.3 に示したように，

付図 4.3　階層化

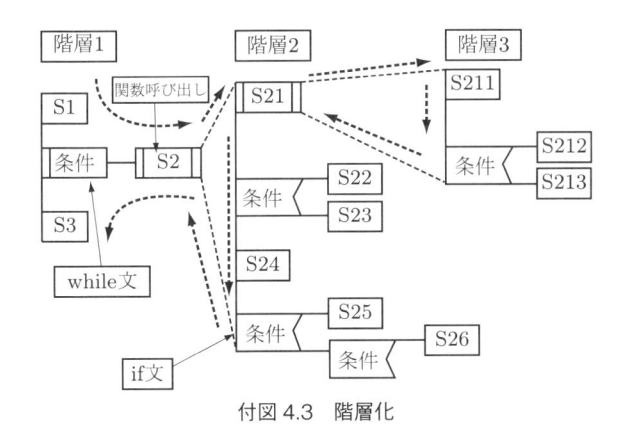

呼び出された関数が終了すると呼び出した位置に戻ってきます．また，条件を判断して分岐する場合に用いられる if 文，while 文でも，分岐した先の処理が終わると分岐した位置に戻ってくる仕組みになっています．

このようにプログラムを階層化して一筆書きでプログラムが進行する構成を「構造化プログラミング」と呼びますが，フローチャートでは分岐するときに飛び先を自由に指定できるため，付図 4.4 のように必ずしも一筆書きになりません．フローチャートでプログラムの流れを設計すると，付図 4.4 のように C 言語では表現できない流れになってしまうことがあります．

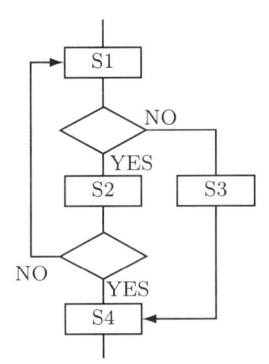

付図 4.4　フローチャートで一筆書きにならない例

構造化プログラミングに適した流れの表現手法がいくつか考案されていますが，ここでは日立製作所で作られた PAD を付図 4.5 に紹介しておきます．

付録4 I/O総合演習

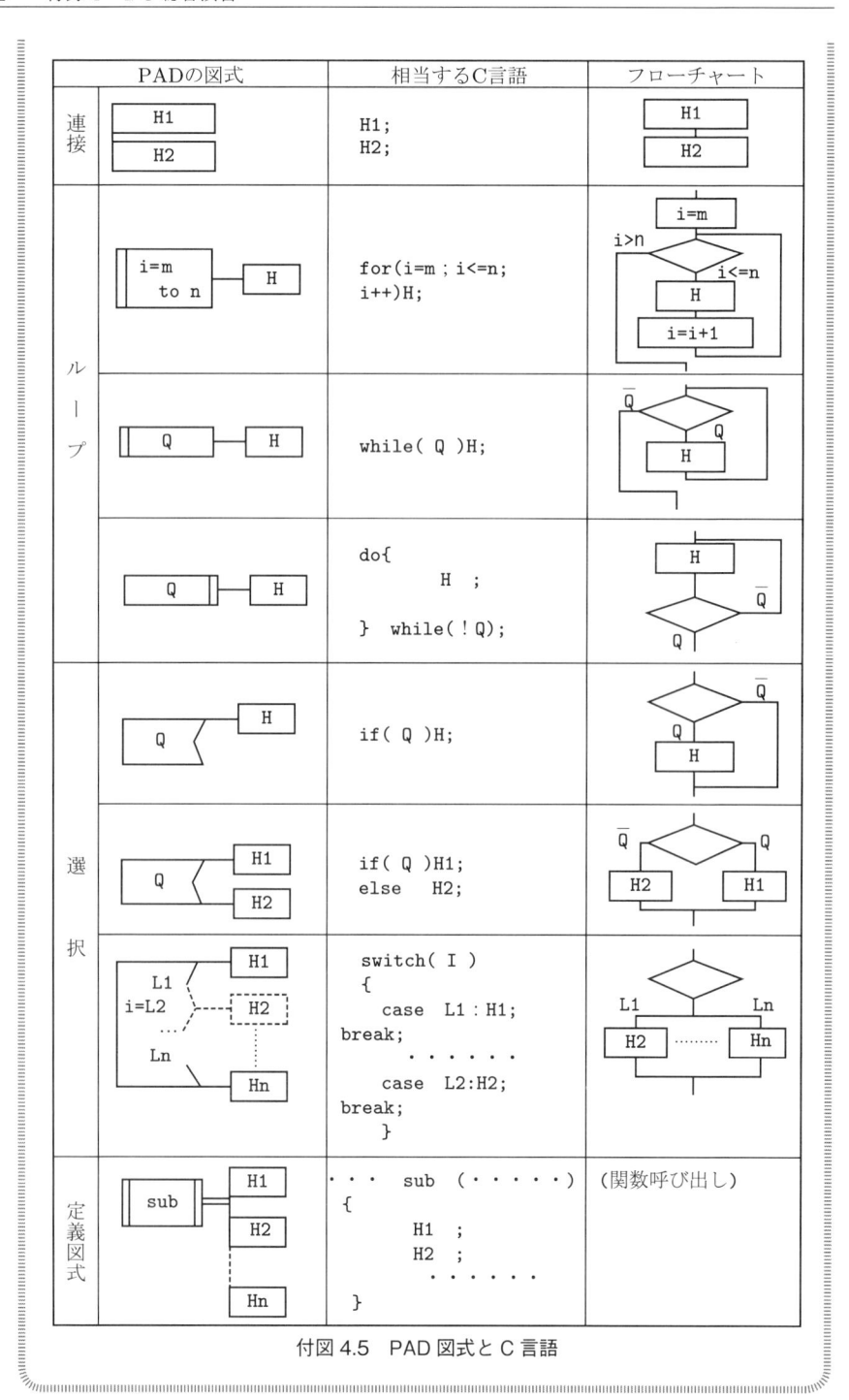

	PADの図式	相当するC言語	フローチャート
連接	H1 / H2	H1; H2;	H1 / H2
ループ	i=m to n — H	for(i=m ; i<=n; i++)H;	i=m → (i>n / i<=n) → H → i=i+1
ループ	Q — H	while(Q)H;	Q̄ / Q, H
ループ	Q — H	do{ 　　H ; } while(!Q);	H → Q̄ / Q
選択	Q ⟨ H	if(Q)H;	Q̄ / Q → H
選択	Q ⟨ H1 / H2	if(Q)H1; else　H2;	Q̄ / Q → H2 / H1

選択	i=L2: L1—H1, H2, Ln—Hn	switch(I)
		{
		　case　L1 : H1;
		break;
		　・・・・・・
		　case　L2:H2;
		break;
		}
			L1 … Ln → H2 … Hn

定義図式	sub — H1 / H2 / Hn	・・・sub (・・・・・)
		{
		　　H1 ;
		　　H2 ;
		　　・・・・・・
		}
			（関数呼び出し）

付図 4.5　PAD 図式と C 言語

参考文献

（1）H8/3664F グループ；ハードウェアマニュアル　Rev. 5.00，㈱ルネサステクノロジ発行

（2）B.W. カーニハン／D.M. リッチー著　石田晴久 訳；プログラミング言語 C（第2版）　ANSI 規格準拠，共立出版，1989

索　引

A～Z

- A/D 変換機 ・・・・・・・・ 107
- ANSI-C ・・・・・・・ 13, 19
- ANSI 規格 ・・・・・・・・・ 19
- ASCII コード ・・・・・・・ 112
- call walkere ・・・・・ 144, 160
- CISC マイコン ・・・・・・・ 15
- CPU ・・・・・・・・・・・・・ 6
- E8 エミュレータ ・・・ 53, 160
- entry 関数 ・・・・・・・・ 146
- HEW ・・・・・・ 21, 59, 149
- I/O ポート ・・・・・・・・・ 74
- PAD ・・・・・・・・・・・ 181
- PWM 信号 ・・・・・・・・・ 98
- RISC マイコン ・・・・・・・ 15
- volatile 属性 ・・・・・・・・ 49

あ行

- アーキテクチャ ・・・・・・・ 6
- アウトプットコンペアマッチ ・・・・・・・・・・・・・・ 87
- アセンブラ ・・・・・・・・ 46
- アセンブリ言語 ・・・・・・ 12
- アドレス空間 ・・・・・・・ 25
- アドレスバス ・・・・・・・ 76
- イネーブルビット ・・・・ 121
- インテル系マイコン ・・・・ 72
- インプットキャプチャ ・・ 102
- ウォッチドッグタイマ ・・ 106
- エミュレータ ・・・・・・・ 51
- エンディアン ・・・・・・・ 73

か行

- 関数呼び出し ・・・・・・・ 28
- 機械語 ・・・・・・・・・・ 11
- 共用体 ・・・・・・・・ 41, 70
- 組込みマイコン ・・・・・・・ 2
- 高級言語 ・・・・・・・・・ 14
- 構造体 ・・・・・・・・ 40, 70
- コンディションコードレジスタ ・・・・・・・・・・・・・ 125
- コンパイラ ・・・・・・ 13, 46
- コンペアマッチ ・・・・・・ 88

さ行

- 再帰呼び出し ・・・・・・ 143
- 最適化 ・・・・・・・・ 34, 48
- システム依存 ・・・・・・・ 43
- 主メモリ ・・・・・・・・・・ 6
- 初期値付き変数 ・・・・ 36, 48
- シングルチップマイコン ・・ 3
- スイッチの長押し ・・・・・ 96
- スタック ・・・・・・・ 26, 140
- スタックオーバーフロー ・・ 142
- スタックポインタ ・・・・・・・・・・・・・・ 27, 145
- ステップ実行 ・・・・・・ 166
- セクション ・・・・・・・・ 47

た行

- チャタリング ・・・・ 95, 133
- 直列通信ポート ・・・・・ 111
- 通用範囲 ・・・・・・・・・ 35
- データバス ・・・・・・・・ 76
- デフォルト ・・・・・・・ 137

は行

- ハードウェアタイマ ・・・・ 84
- ハードウェアマニュアル ・・ 63
- パイプライン ・・・・・・・ 16
- バス ・・・・・・・・・ 5, 79
- 汎用レジスタ ・・・・・・ 6, 28
- ビットフィールド変数 ・・・・・・・・・・・・・ 41, 70
- ビルド ・・・・・・・・・ 158
- 符号拡張 ・・・・・・・・・ 33
- 浮動小数点数 ・・・・・・・ 44
- プライオリティ ・・・・・ 121
- プルアップ ・・・・・・・・ 59
- ブレークポイント ・・・・ 165
- プログラムカウンタ ・・ 6, 28
- ベクタテーブル ・・・・・・・・・ 120, 122, 157
- ヘッダファイル ・・・・ 21, 68
- 変数の型 ・・・・・・・・・ 31
- 変数のクラス ・・・・・・・ 33
- ポインタ変数 ・・・・・・・ 38

ま行

- モジュール関連図 ・・・・ 141

ら行

- リストファイル ・・・・・・・・・ 47, 140, 156
- リセットベクタ ・・・・・ 138
- リンカ ・・・・・・・・・・ 46
- 例外 ・・・・・・・・・・ 118
- レジスタ ・・・・・・ 8, 37, 66

わ行

- 割込処理 ・・・・・・ 23, 117
- 割込処理関数 ・・・・・・ 127
- 割込マスク ・・・・・・・ 121
- 割込マスクビット ・・・・ 121
- 割込要因 ・・・・・・・・ 118
- 割込要求 ・・・・・・・・ 117

著者略歴

中島　敏彦（なかじま・としひこ）
- 1968 年　東京大学工学部産業機械工学科卒業
- 1968 年　（株）日立製作所入社
　　　　　家電研究所にてマルチメディア機器の開発に従事
- 1989 年　技術教育部門に転属
　　　　　日立グループ内の技術研修を担当
- 2003 年　（株）日立製作所退職
　　　　　以後日立技術研修所の非常勤講師
- 2016 年　逝去

図解 組込みマイコンの基礎　　　　　　　ⓒ 中島敏彦　2007
2007 年 6 月 30 日　第 1 版第 1 刷発行　　【本書の無断転載を禁ず】
2024 年 9 月 10 日　第 1 版第 7 刷発行

著　　者　中島敏彦
発 行 者　森北博巳
発 行 所　森北出版株式会社
　　　　　東京都千代田区富士見 1-4-11（〒 102-0071）
　　　　　電話 03-3265-8341 ／ FAX 03-3264-8709
　　　　　https://www.morikita.co.jp/
　　　　　日本書籍出版協会・自然科学書協会　会員
　　　　　JCOPY ＜(一社)出版者著作権管理機構　委託出版物＞

落丁・乱丁本はお取替えいたします　　印刷／エーヴィスシステムズ・製本／協栄製本

Printed in Japan ／ ISBN978-4-627-78421-5